向咖啡大师学习

从生豆、烘焙、冲煮到拉花，走入 12 位领潮者的咖啡风味课

好吃编辑部◎编著

江苏凤凰科学技术出版社

图书在版编目（CIP）数据

向咖啡大师学习 从生豆、烘焙、冲煮到拉花，走入12位领潮者的咖啡风味课 / 好吃编辑部编著 . -- 南京 : 江苏凤凰科学技术出版社 , 2019.2

ISBN 978-7-5537-9791-5

Ⅰ . ①向… Ⅱ . ①好… Ⅲ . ①咖啡－文化－台湾
Ⅳ . ① TS971.23

中国版本图书馆 CIP 数据核字（2018）第 244827 号

向咖啡大师学习 从生豆、烘焙、冲煮到拉花，走入12位领潮者的咖啡风味课

编　　著	好吃编辑部
责任编辑	倪　敏
责任校对	郝慧华
责任监制	曹叶平　方　晨
出版发行	江苏凤凰科学技术出版社
出版社地址	南京市湖南路1号A楼，邮编：210009
出版社网址	http://www.pspress.cn
印　　刷	中华商务联合印刷（广东）有限公司
开　　本	718mm×1000mm　1/16
印　　张	12.25
版　　次	2019年2月第1版
印　　次	2019年2月第1次印刷
标准书号	ISBN 978-7-5537-9791-5
定　　价	68.00元

图书如有印装质量问题，可随时向我社出版科调换。

目录

Part 1

我们是这样走过来的

Column 1

中国台湾咖啡文化大事记

Column 2

咖啡浪潮论

Time Line 中国台湾咖啡文化大事记

咖啡的企业化种植

1877 中国台湾最早出现“咖啡”字样的中文文献。

1884 引进一百株咖啡苗，种植于台北三角涌（今新北市三峡）。

1927 古坑、嘉义、高雄、屏东、台东、花莲等地，开始大规模种植咖啡。

1930s～1940s 中国台湾成为日本最大的咖啡供应产地，日式冲具考究的滤泡咖啡传入中国台湾。

第一波咖啡浪潮 即溶咖啡与重烘焙碳烧咖啡

1951～1965 美国速食咖啡文化的代表——“即溶咖啡（雀巢）”“美式滤泡咖啡机”“罐头咖啡粉”进入中国台湾，吃完西餐后来杯咖啡的饮食习惯随之出现。

1956 西门町蜂大咖啡开业（台北历史最久的自烘咖啡馆与生豆进口商），咖啡焙度较深，虹吸口味偏重。

1958 云林县经济农场内有美、德先进设备，号称当时东南亚最大的咖啡加工厂，出口罐装咖啡粉赚取外汇。

1962 西门町南美咖啡开业，同蜂大咖啡一样，焙度深，重甘苦韵。

1974 范正义开设台北第一家以日式虹吸壶为主的“蜜蜂咖啡”（日本炭烧咖啡）。

1980s 炭烧口味的“蜜蜂咖啡”遍地开花，曼巴为此时期的明星配方。

1981 台北岚山咖啡开业，是主攻虹吸的老字号咖啡馆。

第二波咖啡浪潮 意式咖啡兴起，跟随的是美式西雅图系统，而非意大利本土风味

1990s 中国台湾出现第一代意式咖啡馆：阿诺玛、Aroma 、La Crema、 普罗、欧蕾、Caffé Alto、西雅图极品咖啡、卡瓦利意式咖啡馆等。

1991 星巴克副牌，西雅图熟豆品牌 Caravali 引入中国台湾。

1997 咖啡交流论坛“尔湾咖啡小站”成立，咖啡玩家在此交流。

西雅图极品咖啡成立。

1998 星巴克进军中国台湾。

2000 SCAA（美国精品咖啡协会）举办第一届世界咖啡师大赛（WBC），推广精品咖啡。

2002 丹堤、一咖啡相继推出，一咖啡以“8元，有好喝的咖啡”为口号进入市场。

2003 85°C结合咖啡与蛋糕。

第三波咖啡浪潮

便利商店做大咖啡市场，量大带动“质”的提升，浅焙、手冲、自烘咖啡当道

2003 美国知名烘豆师 Trish Rothgeb 提出“第三波咖啡”(Coffee's Third Wave) 一词。

2004 中国台湾举办第一届咖啡师大赛。

7-11 推出 CITY CAFÉ，带动现煮鲜咖啡市场。

CAMA 现烘咖啡专门店出现。

2007 中国台湾第一次参加 SCAA 世界咖啡师大赛。

2009 全家推出 Let's café、莱尔富推出 Hi Café。

2010 中国台湾宜家贸易研发的聪明滤杯登上《纽约时报》《华盛顿邮报》，成为世界第三波精品咖啡热门滤泡式冲煮器具。

2011 世界咖啡师大赛第一次在产地国哥伦比亚举办，精品咖啡越来越强调产地庄园。

全美精品咖啡年会个人配方烘豆世界亚军——王诗如。

2013 世界咖啡烘焙赛亚军——江承哲。

北欧杯咖啡烘焙大赛冠军——陈志煌。

2014 世界咖啡烘焙赛冠军——赖昱权。

世界杯测大赛冠军——刘邦禹。

2016 世界咖啡师大赛冠军——吴则霖。

中国台湾咖啡总产值预计破 130 亿。

咖啡浪潮论

韩怀宗 / 文 韩怀宗、冯忠恬 / 图

华人向来是喝茶民族，但中国台湾咖啡文化的多元性与精彩度，惊艳了不少世界级咖啡大师，这与中国台湾 400 年岁月息息相关，外来文化丰富了中国台湾咖啡文化的内容。

地狭人稠的中国台湾，融合日本、美国、意大利和北欧等各大咖啡流派，随着世界咖啡浪潮，婆娑起舞，从 20 世纪 30 年代的无波时期，到 20 世纪 50 年代以后进入有波时代。2013 年以后，甚至青出于蓝，击败咖啡大国，赢得世界烘豆赛、杯测赛、咖啡师大赛殊多冠亚季军荣衔。更难得的是，宝岛拥有百年咖啡种植历史，如此绚丽的咖啡文化在世界上亦属罕见！

荷兰人引进咖啡：无稽之谈

日本与美国对中国台湾咖啡文化的影响力，至深且巨，至于荷兰则几无影响力，虽然中国台湾有些人怀疑最早引进咖啡到宝岛的是荷兰人而非日本人，且大陆亦有学者猜测早在 1600 年左右的明神宗万历年间，传教士利玛窦有可能将咖啡引进中国。但我详加考证后认为，17 世纪荷兰人带咖啡到中国大陆或中国台湾，是不可能发生的天方夜谭。

原因很简单，荷兰东印度公司最早到 1696 年才从印度西南的马拉巴将 Typica（铁皮卡）成功引进印度尼西亚爪哇岛，东南亚才开始有咖啡树。换言之，在此之前的 1600 年利玛窦传教中国或荷兰治台时期（1624～1662），东南亚尚无半株咖啡，而欧洲迟至 17 世纪中叶至 18 世纪以后，才有咖啡馆。若要说咖啡树或咖啡豆早在 17 世纪初叶就由荷兰人引入中国台湾，那应该是咖啡喝多了，在咖啡因助兴下的遐想吧。

从 Typica 咖啡树扩散的历史轨迹来看，传播路径依次为：埃塞俄比亚→也门→印度→斯里兰卡→爪哇→中南美洲，而中国台湾连传播路径的边都摸不着。因此中国不可能早于印度尼西亚爪哇先有咖啡，况且荷兰东印度公司亦无引进咖啡到中国的只言片语（详情请参考 2017 年增修《新版咖啡学》第 14 章，P428 大明王朝无咖啡之论述）。

《抚番开山善后章程》首见“咖啡”字眼

咖啡饮料应该是清朝末年，列强入侵，伴随西餐而引入中国。1877 年，福建巡抚丁日昌草拟《抚番开山善后章程》，其中一条破天荒列举引导原住民栽种“茶叶、棉花、桐树、檀木以及麻、

豆、咖啡之属……"，以取代游猎，减少杀戮之气。章程的真迹手抄本珍藏在台北新公园内的"中国台湾博物馆"。这是目前所知最早出现"咖啡"二字的中文官方文献。然而，晚清引导中国台湾原住民种植咖啡，只是纸上谈兵，未见执行。

咖啡的引进和企业化栽种

据文献记载，最早把咖啡引进中国台湾的不是荷兰人，亦非日本人，而是英国人。1916 年编写的《恒春热带植物殖育场事业报告》（第一辑 P200）写到："1884 年，德记洋行的英国人布鲁斯（R.H.Bruce）从马尼拉引进一百株咖啡苗，由杨绍明种植于台北三角涌（今新北市三峡）。"不过，英国人引进咖啡并未在宝岛掀起栽种热潮，况且当时种在台北三峡山区，气候太冷，不适合咖啡生长，并未成功。至于中国的云南，迟至 1904 年才由法国神父田德能从越南或缅甸引进咖啡到大理滨川县的朱苦拉村，也晚于中国台湾 20 载。

1927 年以后，古坑、嘉义、高雄、屏东、台东和花莲进行了较大规模的企业化咖啡种植，为中国台湾咖啡种植业奠下根基。咖啡企业化种植面积在 330～967.43 公顷之间，年产量介于 18 546～139 805 千克之间，单位产量很低，徘徊在 82～987 千克／公顷之间。

无波时代（1930s～1940s）：咖啡馆女给文化

日本国内的咖啡馆女给文化也传入中国台湾。女给也就是咖啡馆内陪伴客人的女服务生。从正面来看，咖啡馆是青年人、商人或政府机构开会交谊的好场所，但从负面来看，醉翁之意不在酒，容貌姣好的女给，成了咖啡馆最大卖点，部分咖啡馆甚至沦为情色场所。

1930 年至 1945 年，女给文化是中国台湾咖啡馆的主流，酒色餐饮兼而卖之，至于咖啡风味如何，以及烘焙与冲泡方式，远不如今日讲究，更谈不上技术层面的流行趋势，而且消费市场很小。因此，我界定此时期为中国台湾咖啡文化的热身期或无波时代。

法国和德国在 19 世纪中叶至 20 世纪初发明的玻璃虹吸壶以及滤布与滤纸手冲陆续引进日本，再借着咖啡馆女给文化带进中国台湾。所以今日中国台湾的虹吸与手冲，日系凿痕很深，冲具较为考究，粉水比较高，口味也重，不像美系或欧系滤泡咖啡那么粗枝大叶与清淡。

第一波咖啡浪潮（1950s ～ 1980s）：速溶、罐头咖啡粉与蜜蜂咖啡盛行

中国台湾咖啡文化持续进化，开始追逐美日咖啡浪潮，市场扩大，迈入有波时代。

1958 年，云林县经济农场成立，配备美国和德国最先进的水洗设备、刨光机、烘焙机、磨豆机、制罐机等，号称当时东亚最大的咖啡加工厂，肩负出口罐装咖啡粉赚取外汇的重任。此时中国台湾咖啡的年产量与单位产量均高于以往，中国台湾咖啡种植业步入第二高峰期。

美国速食咖啡文化

美国的速食咖啡文化——速溶咖啡——也在此时大行其道，犹记我在小学与初高中时期（1963 ～ 1975），很多同学的家里均摆设雀巢速溶咖啡，象征时髦与品味。当时美国的速食咖啡文化席卷全球，中国台湾也随着速溶咖啡起舞飘香。

除了速溶咖啡外，插电的美式滤泡咖啡机以及罐头咖啡粉文化也传入中国台湾。饭后来杯咖啡的习惯很自然地随着西餐渗进中国台湾饮食文化，进口咖啡生豆业务与烘焙厂应运而生。

蜂大咖啡与南美咖啡

最老当属台北西门町成都路上的蜂大咖啡，1956 年由曹志光创办至今，已有 60 余载。为何取名蜂大咖啡？曹志光早年是中国台湾的养蜂大王，经常出国接洽业务，不时接触到咖啡生豆，相较之下，养蜂太辛苦了，经年忍受被叮蜇之痛，于是改行进口咖啡生豆，并创办蜂大咖啡，是台北历史最久的自家烘焙咖啡馆兼冲煮器具和生豆进口商。

台北成都路上还有一家成立于 1962 年的南美咖啡，距今也有 56 年历史，也是台北最老自家烘焙咖啡馆之一。半个世纪前，蜂大咖啡和南美咖啡逆势而为，自家烘豆并卖虹吸咖啡，师承日本慢炒，焙度较深，重甘苦韵，低酸或无酸，厚实闷香余韵长。然而，当时更流行雀巢速溶咖啡，有不少人以为添加奶精、方糖的速溶咖啡才是正宗好咖啡，而现煮的虹吸壶黑咖啡较为罕见，常常被误认为是苦口的假咖啡！

蜜蜂咖啡屋，慢火重焙

此时期中国台湾的烘豆与咖啡馆冲煮技术以日系风格为主流，咖啡烘焙讲究慢火重焙，每炉的烘焙时间为 20 ～ 30 分钟甚至更长，偏好绵长的甘苦韵，不爱上扬的酸香味，咖啡口味偏浓，中南部尤甚，每 450g 熟豆只可冲煮 20 杯。1974 年，范正义亲赴日本学习炭烧技术，并在台北开出第一家以日式虹吸壶为主的蜜蜂咖啡，主打日本炭烧咖啡，至今已有 40 多年。其实，蜜蜂咖啡并非在黑咖啡中添加蜂蜜，而是范正义希望公司上下如蜜蜂般合群打拼，故以之为名。20 世纪 80 年代，主打炭烧风味的蜜蜂咖啡屋在全台湾遍地开花，曼特宁配巴西的“曼巴综合咖啡”是此时期的明星配方。另外，1981 年游启明在台北创设的岚山咖啡，迄今已有 30 多年历史，也是主攻虹吸的老字号咖啡馆。

美国快餐咖啡与日式虹吸壶和绒布手冲的重口味炭烧咖啡，分庭抗礼，成为中国台湾第一波

（Hally Chen/ 照片提供）

成都路上的南美咖啡与蜂大咖啡，创立于 20 世纪五六十年代，是台北最老的几间自烘咖啡馆。

咖啡浪潮的主要内容。这种奇怪组合，其实就是美国与日本咖啡文化的混合产物！

第二波咖啡浪潮（1990～2003）：重焙意式浓缩咖啡、卡布奇诺、拿铁当道

速溶咖啡与慢火深焙的重口味虹吸、绒布手冲在中国台湾盛行了三四十年，直到1990年以后，台北出现另一种形态的咖啡馆，所用的熟豆品牌来自美国西雅图的Caravali，由温兴源代理，他在宁波西街开设的阿诺玛意式咖啡馆贩卖浓缩咖啡、卡布奇诺和拿铁，随后忠孝东路、光复南路、南京东路、永康街也出现几家红极一时（1993～2000）的咖啡名店Aroma、La Crema（目前营业中）、普罗、欧蕾、西雅图极品咖啡（目前营业中）、卡瓦利意式咖啡馆（目前营业中）。

这些都是中国台湾第一代新形态意式咖啡馆，它们不屑日式虹吸与手冲，主攻意式浓缩咖啡、卡布奇诺、拿铁等意式咖啡。当时并不流行自家烘焙，也没人懂，意式咖啡馆的熟豆大部分采用美国进口的Caravali，是当时一大特色。

美系吃香，意系与日流不振

Caravali是何方神圣？它是星巴克1980年后专供量贩店大批发而设的副牌，以免影响到星巴克商誉。Caravali约在1991年被引入中国台湾后一炮而红，成为20世纪90年代宝岛最火红的意式熟豆名牌，在当时的威名远胜意大利老牌Lavazza和illy。中国台湾的意式咖啡馆如同美国，并不喜欢意大利的熟豆品牌，就连冲泡方式与技艺亦师承西雅图系统，地道的意大利咖啡系统在中国台湾和大陆，至今仍无起色，这可能和意大利系统较为保守，口味过于制式化，未能与时俱进有关。当然，美国是世界最大咖啡市场的西瓜效应亦是要因。此时期的日系咖啡馆真锅、罗多伦也开了不少，但人气远不如美系的星巴克和西雅图极品。

进口重焙豆，自家不烘豆

此时期的意式咖啡馆专注于饮料的调理，尚无能力自己烘焙意式咖啡，因此进口美国熟豆蔚为风尚。Caravali是当年星巴克的副牌，而星巴克师承1966年旧金山柏克莱创业的第二波教父级重焙名店Peet's Coffee, Tea & Spices，采用欧陆（德国、荷兰）重焙，每炉时间约15分钟，

节奏比日本慢炒重焙更为快捷，风味不像日本重焙那么的沉闷厚重。西雅图系统的意式重焙豆以甘甜巧克力韵、酒气与微柔酸香为特色。当时另一个美国进口的熟豆品牌为 Allegro Coffee，该厂知名的寻豆师 Kevin Knox 亦曾任职星巴克，此品牌由从西雅图回中国台湾创业的郭雍生代理，也是那时的潮牌。

西雅图系统的意式重焙配方豆，不添加低海拔的 Robusta（罗布斯塔），是百分百的 Arabica（阿拉比卡）并配豆，这与正宗意大利咖啡必须添加一定比例的 Robusta，有很大不同。基本上，西雅图意式咖啡的干净度较优，但地道意大利咖啡的厚实度与余韵较佳，各有优点，并无孰优孰劣问题，乃咖啡文化与饮食习惯使然。

1990 ～ 2000 年这十年间，虽然美系的意式咖啡馆大行其道，但 95% 的业主不思自家烘豆，全仰赖价格不菲的进口熟豆，经营成本甚高，不易达到规模经济与永续经营的境界。仅有少数有远见的小资咖啡馆，如 La Crema、西雅图极品咖啡、卡瓦利，转型添购烘焙机，改为自家烘焙，产品与风味更为多元，得以营业至今。

1998 年星巴克进军中国台湾，大肆开店，更确立西雅图重焙、拿铁与卡布奇诺在宝岛的龙头地位。反观日系的蜜蜂咖啡屋、虹吸和法兰绒手冲，在这段期间几乎销声匿迹，而意大利的 Lavazza 和 illy 也在绿色美人鱼的阴影下，继续克难经营。

BBS 网络风暴

这段时期的咖啡玩家以大学生为主流，而非过去蜜蜂咖啡屋的老一辈，他们为精品咖啡注入新血液。当时网络 BBS——批踢踢的咖啡论坛，以及蔡延龙教授在美国留学期间开设的尔湾咖啡小站，成为玩家交流意式咖啡萃取、烘焙及精品豆的信息交流平台，但年轻人血气方刚，常为了意式咖啡该浅焙或深焙、意式浓缩咖啡的 Crema（咖啡油脂）赭红色好或金黄色佳等诸多问题，各抒己见，争论不休。记得当年我曾与几位大学生在批踢踢，就意式咖啡的萃取与烘焙问题，大打笔仗数日，联合晚报曾以第二版“咖啡论坛，网络风暴”报导之，意式咖啡的流行盛况可见一斑。

自己的咖啡自己烘

这批热血又年轻的咖啡玩家也为中国台湾第

三波咖啡革命埋下火种，他们坚信“万般皆下品，唯有自烘高”。星巴克、Caravali、Lavazza、illy等进口潮牌熟豆，在狂妄年轻玩家眼里，全是不新鲜的代名词，自己的咖啡自己烘才是王道。自烘咖啡玩家用的是克难式爆米花机，一台1 000元左右就买得到，每锅100g左右，如果买不起，则自己改装奶粉罐来烘豆子。由于设备简陋，不宜重焙，改采用二爆前的浅中焙，因此这段时期的咖啡馆虽以重焙为主流，但自烘玩家却不屑重焙，成为双方论战叫阵的火苗。

当年的意式咖啡玩家以西雅图Vivace Espresso创办人、具有工程背景的David Schomer所著《Espresso Coffee: Professional Techniques》为主要练功秘籍。同时期illycaffè出版的经典之作《Espresso: The Chemistry of Quality》叫好却不叫座，因为深奥理论多于实务，看得懂的玩家不多，殊为可惜。因此美系意式浓缩咖啡的盛行、咖啡馆重焙但玩家浅中焙，主导着中国台湾第二波咖啡革命的内容，而日系与意系沦为非主流，此一脉络极为清楚。

第三波北欧浅焙（2003年迄今）：自烘店崛起与日系滤泡复兴

千禧年前后，美国有些小资咖啡馆不乐见咖啡馆星巴克化，开始钻研星巴克不熟悉的领域，诸如浅焙、地域之味、拉花、杯测、日系手冲、虹吸与冷萃，这些都是第三波咖啡浪潮元素，以差异化的浅中焙产品，杀出活路。2003年，美国的咖啡烘焙者协会（The Roasters Guilds）刊载一篇从挪威返回美国的知名女烘豆师翠西·劳斯

David Schomer所著的《Espresso Coffee: Professional Techniques》，是中国台湾20世纪90年代到2000年初期意式咖啡玩家的宝典。

盖博（Trish Rothgeb）的文章，首见“第三波咖啡”（Coffee's Third Wave）一语，北美于是迈入浅焙的第三波时代。其实就是小资咖啡馆以浅焙之道，抗衡重焙的星巴克。

自烘店遍地开花

中国台湾咖啡文化向来跟风美国，此后，尤其 2010 年后，浅焙自烘咖啡馆越开越多，昔日的进口重焙豆 Caravali 与 Allegro 每况愈下，甚而退出市场。在自烘浪潮风行下，意大利知名熟豆品牌在宝岛更难翻身，继续有志难伸，惨淡经营。

中国台湾咖啡市场分为速溶、即饮（瓶罐装冷藏咖啡）和现煮鲜咖啡三大板块。过去以速溶与即饮为最大宗，但 2004 年统一超商导入 CITY CAFE，带动现煮鲜咖啡市场，2014 年统一超商与各县市咖啡馆的鲜咖啡市场，已和速溶与即饮板块分庭抗礼，各占 20 多亿，均分咖啡市场。现煮鲜咖啡崛起，咖啡农、烘焙厂和生豆进口商均蒙其利。统一超商的熟豆近年是由桃园的源友企业代工烘焙，算是另一种形态的自家烘焙。

虽然是商业豆，但统一超商和源友培养一批领有美国咖啡质量协会（CQI）证照的杯测师，以精品咖啡的规格来处理商业豆，CITY CAFE 的平价咖啡以及全台 4 000 家门店，一跃成为宝岛最大的咖啡馆。而且近年美国精品咖啡的认证系统在台盛行，这更加深了美国系统对中国台湾咖啡文化的影响力。

另外，近年中国台湾街头常见的连锁自烘咖啡馆 Cama、路易莎以及欧客佬，也是第三波自烘店大行其道的回馈，中国台湾可能已成为全球咖啡馆密度最高的地区之一。

烈火轻焙，水果炸战

2010 年后，北美与中国台湾盛行北欧浅焙，节奏较快，7 ～ 12 分钟出炉，焙度值约在 Agtron65/100，大概在一爆剧烈至二爆前出豆，彰显上扬花果韵与酸香调，这与第二波重焙豆，动辄 20 多分钟一炉，焙度值在 Agtron35/55，进入二爆后才出豆，以凸显绵长甘苦韵、浓稠感、低酸与树脂的呛香味，有天壤之别。

然而，并非浅焙一定好喝，技术不到位的烈火轻焙，风味发展不足，反而凸显碍口的尖酸、涩感、草腥与谷物味。唯有风味发展完整的快炒浅焙才能彰显活泼酸甜感与口腔放烟火似的绚烂水果韵。

滤泡复兴，意式浓缩咖啡式微

第二波咖啡浪潮时期被意式咖啡打入冷宫的滤泡式虹吸与手冲，却在第三波咖啡浪潮中咸鱼翻身，成为最受欢迎的萃取方式。因为冲具很便宜，操作方便，无须借助额外的压力即可萃取出迷人的花果韵，意式咖啡不再垄断市场，就连星巴克也被迫卖起手冲咖啡，并打破“家规”推出二爆前的浅中焙咖啡。昔日第二波的咖啡馆竞相学习星巴克，而今星巴克放下身段向第三波元素取经。

据统计，星巴克2016年1～8月的黑咖啡“典藏手冲”“每日精选咖啡”“滤压壶咖啡”“虹吸咖啡”和“美式咖啡”的全台销售总杯数已达800万杯，较上一年同期增长12%，滤泡式黑咖啡远景看俏，第三波革命迈向高峰。

第二波咖啡浪潮过渡到第三波咖啡浪潮的职人

目前中国台湾有不少名店的负责人是从第二波咖啡浪潮网络风暴的笔战年代，过渡到第三波咖啡浪潮的，当年的年轻玩家，陆续成为冠军烘豆师、咖啡师、杯测师或咖啡设备进口商老板，诸如Fika Fika陈志煌、GABEE.林东源、Mojocoffee陈俞嘉、达文西蔡治宇、奥焙客江承哲、维堤咖啡杨明勋……只要年过35岁的职人，多半经历过第二波重焙与第三波浅焙的淬炼。

中国台湾职人扬名国际

2013年以来，中国台湾咖啡职人扬名国际，包括2013年世界咖啡烘焙赛亚军江承哲以及季军王诗如；2014年世界烘豆赛冠军赖昱权、世界杯测赛冠军刘邦禹、北欧烘焙者杯烘豆赛冠军陈志煌；2016年世界咖啡师大赛冠军吴则霖。夺得咖啡桂冠的人数比起美、英、日、意和北欧诸国，有过之无不及！

北欧大师惊艳中国台湾咖啡质量

2015年10月，高端咖啡设备进口商维堤咖啡，重金邀请挪威咖啡大师Tim Wendelboe（提姆·温德柏）来台交流。Tim曾赢得2004年世界咖啡师大赛冠军，以及2005年世界杯测赛冠军，并蝉连2008、2009、2010年以及2016年北欧烘焙赛冠军。

我们在国姓乡百胜村有一场杯测讲评，我精选了邹筑园、卓武山、百胜村、向阳咖啡园、以勒咖啡和热带舞曲，六支不同处理法的中国台湾生豆。我以台制 Kapok 烘豆机烈火轻焙之，也就是入豆温超过 200°C，风门 3.5 不变，视烘焙进程逐渐收敛火力，烘豆时间在 8 分 40 秒～ 12 分钟，焙度值为 Agtron65/81，与 Tim 带来的巴拿马瑰夏、肯尼亚 SL28 和洪都拉斯波旁，焙度值为 Agtron75/92，同台杯测，争香斗醇。

Tim 讲评的第一句话是：“我很惊讶中国台湾咖啡有这么高的质量！”他一一评点，分数最高的邹筑园蜜处理 89 分，水洗 88 分，其他中国台湾咖啡豆分数也在 84 分以上。他说：“邹筑园有酸奶的酸质，很特殊，是寻豆师要买的好货！”而他带来的瑰夏给分 92，没想到中国台湾咖啡豆与瑰夏只差 3 分，令人振奋。

2013 年以来，中国台湾的咖啡职人扬名国际，2016 年吴则霖荣获 WBC 冠军！

中国台湾咖啡产业的甜蜜点不在过去，而是现在进行式。台产咖啡、各流派咖啡馆或咖啡产业的质量，在可预见的未来，不管是第几波咖啡浪潮，仍会持续进化向前行。

1.2015年9月，挪威咖啡大师 Tim Wendelboe（提姆·温德柏）访台，在南投百胜村举办杯测讲评会，对中国台湾生产的高质量咖啡惊艳不已。

2. 不只杯测中国台湾咖啡，Tim Wendelboe（提姆·温德柏）也走访了中国台湾的咖啡庄园。

Part 2

世界级的制造

Column 1

[bi.du.hæv] Coffee Dripper
让冲咖啡成为一种时尚

Column 2

OTFES 机器人手冲咖啡机
使咖啡师更自由

Column 3

丑小鸭滤杯
突破技术限制，每个人都可以手冲一杯好咖啡

冯忠恬 / 文　王正毅、王旋 / 摄影

MAANSet Coffee Dripper

以全新开发的“双层双旋玻璃滤杯”，搭配 Woozy 手冲玻璃壶、铁木底座，再加上温度计与玻璃 Taker，让冲咖啡更有风格！

[bi .du.hæv]Coffee Dripper

让冲咖啡成为一种时尚

如果你问，中国台湾最美的手冲壶、冰滴壶在哪儿？ [bi.du.hæv] 一定是行家脑海里会冒出的名字。BASI、Greeting、GUT、Oblik、独立无价、MAANSet Coffee Dripper 几件作品一字排开，很难不让人赞叹！ 从 2013 年 6 月成立品牌，[bi.du.hæv] 致力手工打造，和新竹的玻璃工艺结合，选用自然素材风化木、清水模，并以黄铜、赤铜做造型，打造出专属于自己的咖啡壶。2015 年获得 IF 金奖的“独立无价冰滴系统”，则是摆脱了架子，以 No More Less 为原则，全玻璃设计，将中国台湾工艺之美完整呈现。当冲咖啡成为日常之所需，面对着每天都要用的手冲架、冰滴壶，我们怎么能随便？

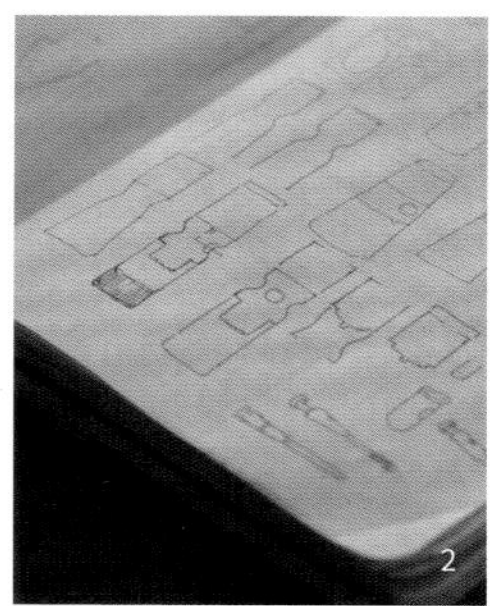

以手工来彰显个性

一碰面，我们谈起了前阵子 [bi.du.hæv] 帮星巴克设计产品的事。身兼品牌创始人与设计师的王旋， 花了三四个月的时间画画思考。大品牌喜欢安全漂亮的设计，王旋便把其中两种颠覆传统咖啡壶的模样，自己做了出来，而那正是我进入工作室第一眼看到，便忍不住赞叹的“Oblik”手冲架。

王旋的设计， 没有框架， 从美感、日常与使用者的细节出发。他的细腻个性中带着粗犷，有时候你可能并不知道他在想什么，但透过器皿与文字，仿佛又都说了出来，那里有一种给观者自由解读的模糊性。所有 [bi.du.hæv] 的照片文宣与对外宣传，全都出自他的手。一手包办的王旋笑着说，自己很慢，慢的不是脑袋里的思考，而是实际执行。他会在意每个不为人知的细节， 在作品“独立无价”里，为了让玻璃一体成形， 没有脱模痕迹，他的设计让师傅大伤脑筋但还是咬着牙接受挑战；以纯手工玻璃吹制的滤杯，每一只曲度都不同，为了增加视觉美感与保温性，最近更开发出双层双旋滤杯。师傅凭着经验，克服玻璃工艺上的接合技术，精烧拉出这只满足视觉与功能的手工滤杯，难度比一般的玻璃杯足足高出好几倍。

1. 全新开发的“双层双旋玻璃滤杯”，顺逆的螺旋形成清澈菱格纹，师傅凭着经验，克服玻璃工艺上的接合技术。
2. 每一款设计，都通过慢慢绘图思考，此为“独立无价冰滴系统”设计图手稿。
3. 每天早上，王旋都要用 Greeting 为自己手冲咖啡。
4. 每一件作品，外盒上都有王旋手工烙印的品牌标记，他笑着说：“这是很适合冬天做的活儿。”

铜活阀可调整流速，萃取完想要的容量后，优雅地关上活阀即可。如此的设计也让产品在使用上更多元，可冰滴、泡茶、浸泡咖啡。

然而，一切都是为了要给使用者更好的视觉与美感体验，就像最近他正在密谋进行的一件新商品开发，他希望明年可以在 IF 上取得好成绩！

扩展国际市场，开发更贴近生活的产品

一年多来，王旋跑遍各大国内外展场，来年的展期也大致确定。不只放眼中国，他更积极开拓海外市场，除了邀请专业经理人负责国际事务，未来也会开发咖啡道具以外，其他贴近生活的商品。

[bi.du.hæv] 使用自然素材的核心不变，但这些素材还可以发展出什么样的变化？充满想象力的王旋提起玻璃文具，眼神一亮。喜欢冒险与挑战的他，还有好多计划在脑海里准备实践。眼神里看得出企图，但也看得到一丝疲惫，因为他现在要扛的是整个品牌。从最初因为喜欢咖啡，在工业化生产道具里，找不到想要的人情味，到后来自己动手做，3 年多来，不管遇到多少诱惑，他始终坚持手工、温度、人情味与个性，不但每只玻璃吹制的弧形不同，底座风化木的木种、纹路相异，从烧制、打磨、抛光、上油、焊接、编织，也全以手工完成。他的形容很美："我的作品，不像西装裤，比较像牛仔裤；不像手电筒，比较像煤油灯；不像钢笔，比较接近蘸水笔。"他把自己放在标准、规格化的反面，没有要挑战、颠覆什么，只是希望冲咖啡这件本来就很个人的事，能够更有温度、风格与美学。

No More Less

在这个时代，大家都很喜欢给建议，很多人看了王旋的设计总会说，你这边还可以再加点什么，那边还可以再多做些什么。他总是静静地听完后，反问对方："还可以再减少什么吗？"把 No More Less 奉为座右铭的他，想要设计出直觉、简单与漂亮的咖啡器具。或许这正如生活，有时真的不要太多，如果有一个真心喜爱的，是不是就足够？从玩重机到骑山地车，从喝可乐到喝咖啡，每天王旋都要用 Greeting 来为自己冲杯咖啡，[bi.du.hæv] 其实就是 Be ～ Do ～ Have 的音标，你是什么样的人（be），做了什么样的事（do），自然会得到什么样的结果（have）。人生，不就是这样吗？

Insight

[bi .du.hæv] 的咖啡工艺

01

Greeting

纯手工吹制的滤杯，加上风化原木的底座，让每一只呈现专属于自己的姿态。搭配赤铜或青铜活栓，可调节咖啡滴漏流速，亦可当成冰滴咖啡或冲茶器。

04

“独立无价”冰滴系统 S10

玻璃活栓、本体、滤芯，全手工玻璃精致，且 S10 采用可更换的滤芯，在清洁与使用上更方便。

06

BASI

以 Basic（基础）命名的 BASI，设计一目了然，两沟的机制，可调整大小不同的咖啡杯 / 壶。陶瓷滤杯，架子材质为火山岩跟混凝土，可当做画布，绘上不同图案。

02

GUT !

德文的 Good，读音为：固特。设计原型来自于一段无聊时用箱子拗出来的铁丝，手工玻璃、赤铜、柚木，给人一种简洁的舒适感。

03

独立无价冰滴系统

获得 2015 年德国 IF 设计金奖。全玻璃设计，将冰滴咖啡壶做最大简化，摆脱架子与占空间缺点，无需任何耗材，滴漏完毕不用分装，直接拿去冰箱发酵。

MAANset

全新开发的“双层双旋玻璃滤杯”，顺逆交错的螺旋形成清澈菱格纹，搭配调整过适合手冲的玻璃壶 Woozy 与铁木底座，再加上温度计与玻璃 Taker，成就了完整的视觉与机能，也像是男人的玩具。

05

07

全木整刻

以整块原木手工雕成的咖啡架，创造出非常简单的咖啡滴漏系统。材质以铁木为主。陶瓷漏杯内的凸轴经过测试，适合各种滤材。

杨孟珣 / 文、摄影　林致得 / 部分照片提供

Column

2

OTFES 机器人手冲咖啡机

使咖啡师更自由

手冲咖啡发展至今已有 100 多年历史，咖啡师对豆子的钻研与努力功不可没。然而，随着众人对第四波咖啡浪潮的想象逐渐高涨，咖啡师与顾客的距离越来越近，如何兼顾出杯品质与整体服务，成了每位咖啡师的必修课。第一代 OTFES 机器人手冲咖啡机在 2012 年推出，随即在国内外各大博览会引起注意，进而成功导入市场。究竟机器如何能取代百年来以人工为主的手冲咖啡产业？ 它又会在这个产业的未来扮演什么样的关键角色？

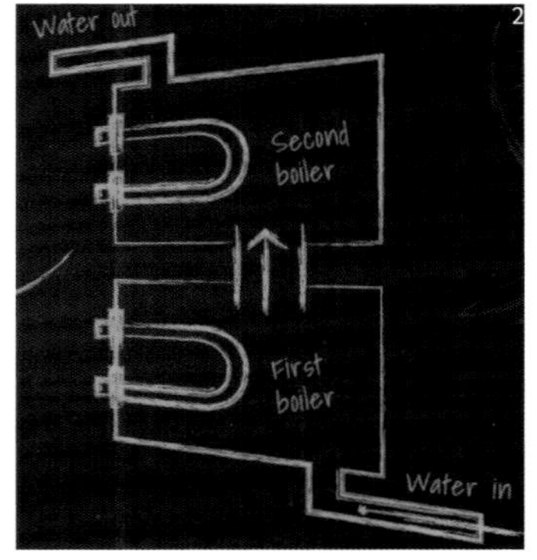

1. 林致得说："将萃取的工作交给机器，但机器能做到什么程度还是得靠人去发挥。"
2. OTFES 双锅炉系统设计图。
3. 除了将参数全部调整好由机器人代劳外，也可以和机器一同合作。内建双锅炉的设计，让冲泡出来的水温能维持恒定。

一台提高咖啡师价值的机器

资管背景出身的林致得，拥有十几年网页工程师的傲人资历，却在 2009 年一头栽进咖啡的世界，经营起自己的独立咖啡馆。有时店里一忙，面对着十几杯咖啡的出单压力，他却只能被一杯手冲咖啡"绑架"3 分钟。就在此时，一个念头窜了进来："为什么没有一个工具能为我代劳？"2 年后，林致得结束咖啡馆的经营，投入手冲咖啡机的研发。

"一开始只是想做一个很简单，可以代替我冲煮的工具，没想到做了之后，考虑到越来越多层面，就变成了现在这台 OTFES。"林致得说。花了 3 年的时间反复测试、改良，逐步加入注水次数、水柱大小、水温控管、闷蒸时间、注水量及注水快慢等参数。原本只懂软件与咖啡的他，卷起袖子学车床、铣床及

2015WBC 世界冠军 Sasa Sestic 来台看到 OTFES，如获至宝。

焊接，造就了这台自由度高、可以模拟各种冲煮手法的机器人手冲咖啡机。“OTFES 的目的是帮助每位咖啡师稳定出杯、提高产量，重点是节省咖啡师的时间，让他们可以做更多事，最终会提高咖啡师的价值。”林致得解释。

一台机器可以帮助提高咖啡师的价值？乍听之下好像有些冲突。倘若咖啡师的手冲工艺可以被机器取代，那么咖啡师是否就少了竞争力与表现空间？实际走访许多人气咖啡馆，发现许多咖啡师在出单压力下疲于奔命。意式浓缩咖啡有咖啡机帮忙，手冲咖啡却必须经过秤豆、磨豆、烧水、测水温、冲煮、洗杯子等多道手续，旁人看来或许诗情画意，但对咖啡师而言，手冲咖啡何尝不是机械化的标准作业流程？咖啡师在长时间的工作下可能也逐步地“机器人化”了，且在出杯时间的压力下，第 1 杯与第 10 杯的冲煮手感已完全不同，更错过了与客人互动、交流的时机。试想，如果此时咖啡师将稳定注水的工作交给机器，使自己跳脱机械化角色，回归“人”的温度，身为客人的我们，又何乐而不为？

让每支豆子都有被完美萃取与呈现的可能

提及手冲的温度，林致得自有一套想法：“我尊重强调手工技艺，甚至把冲煮咖啡当作视觉飨宴的咖啡人，咖啡界不能缺少这样的业者。但我认为一杯咖啡呈现出来的所谓‘人的温度’，指的不是消费者能喝得出来是人煮还是机器煮的，而是咖啡馆主人想要呈现给客人的体验。如果机器能做出店家想要的风味，店家能有更多的心力让客人感受到他对咖啡的热爱与信念，就是一种双赢。”

Swing Black 嗜黑咖啡，尝试全以 OTFES 机器人手冲咖啡机经营。

然而，对现代人而言，走进一家喜爱的咖啡馆，向熟悉的咖啡师点一杯咖啡，的确关乎生活形态与感性美学。但如果过度强调“人”的手冲温度，而忽略了机器能为人带来的种种价值，也难免令人惋惜。

走进林致得创立的机器手冲咖啡馆“Swing Black 嗜黑咖啡”，不难理解他所坚持的咖啡哲学。店内 5 台 OTFES 机器人手冲咖啡机一字排开，颇有气势，两位店员手脚利落，却不忘适时与客人寒暄、介绍咖啡。“现在客人来到咖啡馆喝咖啡，图的不只是咖啡本身，而是一个意念的传达。当咖啡师冲煮咖啡时，往往没有余力回答客人的问题，现在有了机器辅助，他们可以服务更多人，同时做一些沟通交流。”林致得说。

以机器人手冲带动第四波咖啡浪潮?

问起机器手冲咖啡机的未来，林致得这么说：“我在国外听到一些人对于第四波咖啡浪潮的想象，很多人提到的是咖啡师与顾客的交流，好比现在越来越多咖啡机开始往厨下式去设计，不再是一台庞然大物挡在咖啡师与消费者间，减少咖啡师与客人的距离，增加互动与信息的传递，而机器人手冲咖啡机省下的时间，便可拿来增加与顾客的互动。另一方面，生豆的获取渠道与质量达到空前的多样化，烘焙的设备和技术也不断进步，如何达到百分百萃取率，会是未来咖啡师需要思考的课题之一。机器人手冲咖啡机是将萃取的动作交给机器，机器能做到什么样的程度就靠人类去发挥，我觉得这是未来的趋势。”

想象未来的咖啡馆，机器人手冲咖啡机已如意式咖啡机一般普遍，咖啡师的双手被解放了，有更多余力研究属于每支豆子的完美参数，也有更多时间为客人解说、服务。有些人可能会感叹咖啡冲煮技艺的失传，有些人可能仍愿意千里迢迢追寻名咖啡师手冲的温度，但这些都无法阻挡人类对于快速、美味且质量稳定的手冲咖啡的需求。

还记得 20 世纪初，美国发明第一台电动洗衣机，后来各国又逐步改良，将妇女从洗衣这件繁杂的家务解放出来的故事吗？手冲机器人从来都没有要取代咖啡师，所有的参数、风味、烘焙、寻豆，要仰仗的还是人的专业！

从 2014 年以来，全球至少推出了 3 款手冲咖啡机，美国、日本以及中国台湾等地都在摩拳擦掌，在第四波咖啡浪潮来袭前，机器人手冲咖啡机已经做好准备，静静等待时间证明一切。

杨孟珣、冯忠恬 / 文　Silence/ 部分照片提供

Column

3

丑小鸭滤杯

突破技术限制，
每个人都可以手冲一杯好咖啡

是不是常常觉得自己的手冲技术不好？为什么同样一支豆子，咖啡馆老板冲的就是比自己冲的好喝？2010 年成立，以咖啡系统教学起家的“丑小鸭咖啡师训练中心”，将冲煮过程细节拆解，找出颗粒与给水间的关系，在研究了市面上各种滤杯后，推出一款萃取结构类似法兰绒，且结合锥型与梯形优点的“丑小鸭滤杯”，提供咖啡新手或因咖啡馆工作忙碌而担心无法稳定出杯的另一种选择。

琥珀咖啡，以小水滴的给水方式搭配法兰绒滤布，做出意式浓缩咖啡口感。

一切都要从拉花开始说起。丑小鸭滤杯的开发者 Silence，原是知名拉花博客“Latte Art 拉花志”的经营者。从事电子行业的他，去美国外派 5 年，工作之余，积极到各地访咖啡馆、学习冲煮咖啡，意外展开一段追寻咖啡本质的旅程。

美国成熟的咖啡市场给了 Silence 许多启发，他观察到成功的店家往往都有“化繁为简”的能力，不砸重金装潢、不强调天价器材，而是回归初心，把咖啡本质做到 200 分才开店，让咖啡自己说话，用风味征服客人味蕾。除此之外，美国人“让数字说话”的概念，也深深影响了后来投入教学的 Silence：“美国真正带给我的是基本的架构、理论性及逻辑性。他们的观念是建立在数据上，这会慢慢说服我。以前玩拉花是非逻辑性的，只要拉得出就好。后来转战教学，也会思考如何将这种精神导入课程内容，并且不断挑战新事物。”

与东京琥珀咖啡相遇，决心研究法兰绒并开发滤杯

在 Silence 创办的丑小鸭咖啡师训练中心，凭借着逻辑与实证的科学概念，一一拆解所有冲煮手法，不但要会回答学员可能问的各式问题，更要进一步预先设想他们想象不到的问题。

原本从事电子行业的 Silence，2010 年投入喜欢的咖啡行业，以系统化的咖啡教学起家。

开业超过一甲子的琥珀咖啡，是 Silence 丑小鸭滤杯的构思来源。

除了教学外，成功经营两家咖啡外带吧及训练中心的 Silence，更频繁往返欧美与日本，试图在不同土地上找出更多精彩风味。他的咖啡之旅都是这样开始的：挑选一家心仪的咖啡馆，与友人各自点一杯欧蕾咖啡或手冲咖啡，观察店家的冲煮手法及器材选择，再与朋友比较咖啡的风味呈现。如果喜欢，Silence 会在旅途中造访同一家店两到三次，为的不只是目睹咖啡师的冲煮技术与风采，更是为了测试该店连续出杯的质量及稳定度。

2010 年成立丑小鸭咖啡师训练中心时，Silence 便希望打破对器具的依赖，认为只要知道背后的逻辑与系统，任何人都有机会冲出一杯好咖啡。先是完整了意式课程，接着再完成手冲萃取结构的理解。正当他以为已经逐步抓到窍门，一切都没问题时，几次日本的寻咖啡之旅，琥珀咖啡却给了他一记重拳：“他们怎么可以用手冲做出浓缩的口感？”

回顾所有咖啡馆，琥珀咖啡对他的影响最深。老咖啡馆没有意式咖啡机，琥珀咖啡的欧蕾咖啡不加糖就有滑顺口感，让他大为惊艳。所以回去后，他便决定继续钻研手冲细节，从市场上各式滤杯的优缺点、给水方式、空气流动与咖啡颗粒之间的关系，寻找最佳的手冲模式。

此外，他也开始研究琥珀咖啡所使用的法兰绒滤布，后来发现上岛咖啡所使用的特制法兰绒双重过滤机器，也能冲出十分类似拿铁的口感。一层层抽丝剥茧，Silence 发挥追根究底的性格，一头栽入手冲咖啡与滤杯的研究世界……

向法兰绒看齐的丑小鸭滤杯

为了重现在日本喝到的感动，Silence 找来流行服饰业的朋友请教法兰绒的结构，并且反复试验市面上所有滤杯的可能性与限制，渐渐从众多滤杯的差异中找出肋骨深浅、孔数多寡，以及开口大小

为了做出陶瓷滤杯的细致感，Silence 特意跑到日本请职人制作。

的设计脉络。无形中，他慢慢跳脱使用者的框架，从设计师角度思考一款好滤杯应具有的特质，这也成了丑小鸭滤杯的原型。

他发现，法兰绒的设计，可以很方便地减少人为差异，直接以给水量控制水在咖啡颗粒滞留的时间。不过因为清洗与保养不易，所以后来才发明滤纸希望取代法兰绒，但一张薄纸无法有效支撑，所以需要滤杯，滤杯上的孔洞与肋骨即是用来取代原本法兰绒功能里纤维的吸水膨胀与出水。不过有意思的是，虽然所有滤杯都希望能像法兰绒，但每款滤杯因形状、孔洞与肋骨间的差异，总有些在手冲上需要注意的技术门槛，呈现一种大家都有优点，却都不完美的状态。

“我当初想要设计一款跟法兰绒一模一样的陶瓷滤杯，但模具师傅却告诉我说不可能。所以我跑到日本订制，再拿回来实验，发现真的有效。丑小鸭滤杯加了滤纸之后，整体的架构就是法兰绒，在水量变多的时候会自动往下压，下压时候就像把毛巾拧干，拧干时纤维会被放大，也就是有自动吸水与自动释放的功能。原则上这款滤杯可以使用各种不同的给水手法，都不会有太大的缺点产生。”

Kalita、Kono、Hario、三洋……在研究了市面上所有滤杯优缺点下诞生的丑小鸭滤杯，成了 Silence 最得意的秘密武器，也是他追求系统化、极简化教学的最佳体现。有了自家滤杯后，Silence 更将它与双重过滤的想法联结，突发奇想地利用分子料理概念，将两个滤杯分置上、下，以咖啡液萃取咖啡粉，完成以手冲做出意式浓缩咖啡的想法。说着说着，Silence 端出手冲浓缩咖啡供我们品尝，一入口甜味明显，加入牛奶后口感滑顺、饱满，很难想象不依赖意式咖啡机，单纯以手冲就可以做出如此风味。

“我们常习惯用器具或手法的差别去定义一杯咖啡的好坏，但既然煮的都是咖啡， 不应该同时都具备香气跟口感吗？器具的差别应只体现在萃取高低的不同，只要了解冲煮架构，就有机会跳脱器具限制，轻松煮出一杯好咖啡。”

不管是滤杯的研发或是课程的设计，Silence 都想要把人们从对于咖啡的担忧里带出来，让煮咖啡这件事变得更平民、更简单。“手冲其实就是咖啡颗粒与给水之间的关系”，Silence 轻松地表示。只要有系统性的理解，懂得背后的原理，就会知道如何与咖啡相处，让它更自在、更好喝。

以手冲萃取出意式浓缩口感！

丑小鸭滤杯设计过程

你从琥珀咖啡里看到以法兰绒萃取出浓缩口感的可能，他们是怎么做到的？

A 琥珀咖啡以法兰绒手冲做到。我观察他们的给水方式，也去研究法兰绒结构，发现法兰绒的排气量很好，可以减少颗粒浸泡在水里的时间。

浓缩是含水量最少的萃取液，要确保在萃取的过程里，所有颗粒可以同时吸收最大水量。在器具的选择上，一种是以密闭空间，用水压迫所有颗粒同时吸水，这就是意式咖啡机的概念；另一种就是以法兰绒手冲，也就是琥珀咖啡用的方式。

法兰绒的纤维排气性好，且不像一般的滤纸有方向性。给水时，水会从中间慢慢往四方渗透延伸，在纤维吸水还没有膨胀到极致时，水会保留在咖啡颗粒和纤维内（注：有点类似毛巾微湿还未大量吸水到会渗水的状态）。此时虽然持续给水，但还不会有萃取液渗出，可让咖啡颗粒充分吸饱水分。

给水时，可以从法兰绒的底部观察。一开始水会集中在底部，接着会从底部慢慢往上，让颗粒饱满吸水。等水量到达一定程度时，才会因为重量变大，去挤压所有饱和的咖啡颗粒，开始产生萃取液。此时所萃取出来的液体，含水量极少，我们可用浓缩的标准，18g 咖啡粉萃取出 50 ～ 60ml 咖啡，慢慢给水，等萃取的量到了，即可停止。

给水方式有什么需要注意的吗？

A 由于要让颗粒充分吸水却又不萃取，因此给水的速度要慢，且水量不能超过咖啡粉（即和咖啡粉维持在同样的高度）。基本上就是以小水滴的方式，均匀地点注在颗粒表面，可从中间以同心圆的方式慢慢绕开，绕出来的范围不用大，只要在 1/2 到 1/3 同心圆即可。法兰绒的纤维特质，会让水慢慢地均匀渗透给所有的颗粒吃水。

一开始我们是以意式为标准，后来实验发现法兰绒的容许值更大，可以萃取到 100ml 咖啡。研磨的颗粒大小是小富士 3 号， 或 Kalita Nice Cut 的 2.5。

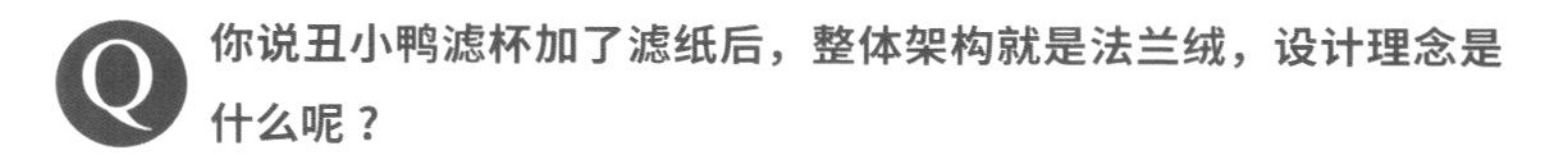

“ 喜欢自己做料理、煮咖啡，拥有科学家的理性头脑与美食家的感性观察，讲话总是很有逻辑的 Silence，是怎么从琥珀咖啡想到丑小鸭滤杯，再到以双层滤杯萃取出浓缩口感的呢？ ”

Q 你说丑小鸭滤杯加了滤纸后，整体架构就是法兰绒，设计理念是什么呢？

A 为了要模仿法兰绒因水量比例而控制水位下降的速度，丑小鸭滤杯的肋骨没有延伸到最底部，且底部有个凹槽，隔出一个微小空间。在慢慢给水的过程中，因底部滤纸还没有吃到水，不会贴到最下面的滤杯壁，让滤杯的整体排气性好。当和法兰绒一样有好的空气流动，且慢慢给水时，颗粒就有机会均匀饱满地吃水。

慢慢地，滤纸会因为重量而开始吃水，并贴到底部，此时给水的频率与大小不变，颗粒因为吸水饱满开始产生萃取液。因水量不多，挤压的空间有限，此时滤杯底部的凹槽便产生一个真空的下抽力量，不用加大水量，萃取的过程仍不会间断，符合法兰绒的萃取逻辑。因此，丑小鸭滤杯以同样的给水方式，即可以做出浓缩口感。

Q 怎么会想到以咖啡液来萃取咖啡粉的双层滤杯手法？

A 一开始是看到上岛咖啡使用特制的法兰绒双重过滤机器来做拿铁，加上来自分子料理与煮果酱的方法。

煮果酱通常都会加糖。为什么要用糖？因为在煮糖浆的过程里，糖浆会渗透进水果，和里面的蔗糖结合。根据物质不灭定律，排出来的东西就是水。

水跟粉是不同的物质，冲煮时，我们是靠萃取的模式把它们融合在一起。当用滤杯萃取出第一道咖啡液，里面即有可溶性物质跟水，接着再用它去萃取咖啡粉，会因为本身的萃取液和下面咖啡粉的质量接近，可溶性物质结合的速度会变快，此时水分就会被排挤出去。最后滴下来的便是含水量很低，以可溶性物质为主的浓缩咖啡。

将两个丑小鸭滤杯上下放置，下层滤杯固定填充 15g 咖啡粉，上层滤杯随着分量调整，20g 咖啡粉给 250ml 水，30g 咖啡粉给 300ml 水，40g 咖啡粉给 400ml 水，50g 咖啡粉给 500ml 水，给水时，只给上层滤杯。完成的手冲浓缩咖啡可用 1 ： 3 的比例混合牛奶（注：双层过滤照片可参考 28 页），如此，即使家里没有意式咖啡机，也可以自己做拿铁。

Part 3

向职人们学一件事

20 年前，说到好咖啡，大家多半只会想到蓝山跟夏威夷 Kona（科纳）。

20 年后，我们有耶加雪菲、瑰夏、西达摩、黄金曼特宁……

精品咖啡百家争鸣，整个城市都是我们的咖啡馆，职人们说，我们是这样走过来的！

Learning
From
Masters

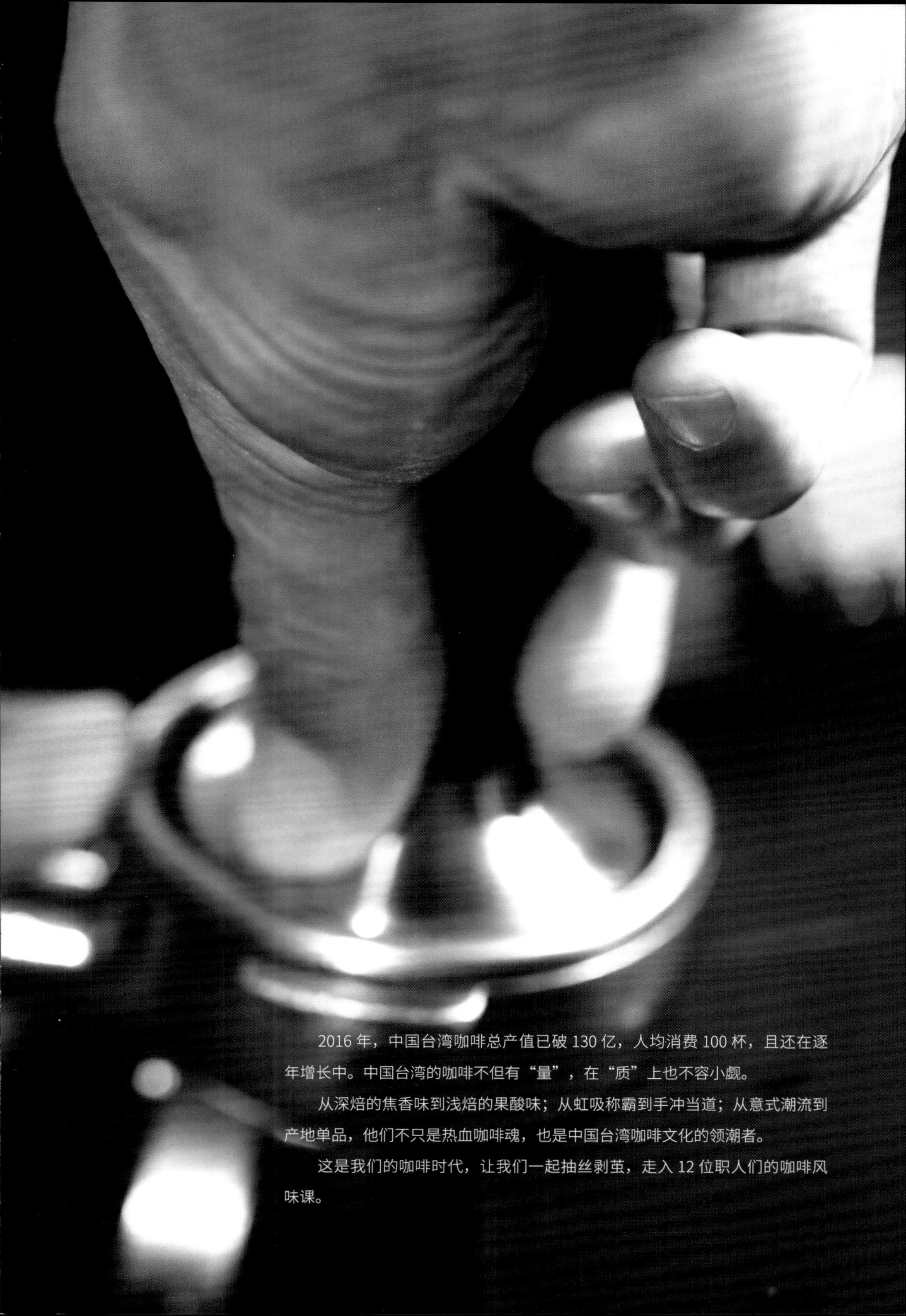

2016年，中国台湾咖啡总产值已破130亿，人均消费100杯，且还在逐年增长中。中国台湾的咖啡不但有“量”，在“质”上也不容小觑。

从深焙的焦香味到浅焙的果酸味；从虹吸称霸到手冲当道；从意式潮流到产地单品，他们不只是热血咖啡魂，也是中国台湾咖啡文化的领潮者。

这是我们的咖啡时代，让我们一起抽丝剥茧，走入12位职人们的咖啡风味课。

01

方政伦

Cheng-Lun Fang

擅长处理法的咖农

“水洗是洗掉糖分，蜜处理是保留糖分但不让糖分发酵，日晒则是保留糖分且让糖分发酵。各种处理法，其实都是对糖分的管理……”

冯忠恬 / 文　林志潭 / 摄影

BE KNOWN FOR……

电机工程学系毕业后，回到阿里山协助父亲种茶，一边种茶一边种咖啡。2007 年获古坑中国台湾咖啡评鉴会冠军后声名大噪，开始专做咖啡。拥有理工人的理性思维与科学家的实验精神，目前家里茶园已全数转种咖啡，为中国台湾咖啡比赛常胜军，尤专长各式处理法，其种植、处理的高品质，连挪威咖啡大师 Tim Wendelboe（提姆·温德柏）来台时都称赞不已。

咖啡资历
Seniority

18年

经历

- 1997年，父亲方龙夫从亲戚家移植咖啡树回阿里山种植
- 2000年，方政伦回家乡阿里山种茶、培育兰花、种植咖啡
- 2007年，获古坑中国台湾咖啡评鉴会冠军
- 2008年，邹筑园咖啡馆开业
- 2010年，SCAA精品咖啡生豆评鉴入选第二级数前50名
- 2014年，获中国台湾咖啡评鉴会水洗、日晒双料冠军
- 2015年，获中国台湾精品咖啡生豆评鉴水洗、其他处理法冠军
- 2016年，获中国台湾咖啡12强赛冠军

唯有做过生豆的处理，才知道每种味道从哪里来

1. 不同的咖啡品种，右：caturra（卡杜拉），左：yellow catuai（黄卡杜拉）。
2. 每年 3 ～ 6 月，到产地就有机会看到白色的咖啡花。

做出冠军豆而被称为“咖啡王子”的方政伦，有着阿里山邹族人的深刻轮廓。同他聊咖啡，你会有种安全感，从种子到杯子的每个细节，他都清楚明了。

杯测一杯咖啡时，听到的往往是：带点茉莉花香、莓果味、尾端有巧克力感、有蔗糖味等形容。但同方政伦喝咖啡，除了名词描绘外，他还会告诉你是因为制作的哪个环节，而产生出的某种味道：这是储存时水分回潮的味道、那是因发酵产生的味道、这是制作时间太长导致的味道。知其然，知其所以然。一杯咖啡喝下，不只分数高低，还可以知道，是生豆处理上哪个环节的优秀或失误。

如果不是自己做过后制处理，且经常进行各种魔鬼实验，很难把豆子的味道抓得如此精准。方政伦说：“有时大家会分不出是产地味还是处理法味。”尤其有些产地会惯用某种处理法时，更容易混淆。有着理工人实验精神的他，会拿同一批次的豆子，控制住所有变因后，改变某一环节，好比这次要实验水洗法的发酵时间，他会观察发酵 5 分钟、10 分钟、15 分钟在风味上的差异。“中国台湾咖啡研究室”的林哲豪就说：“方政伦每次比赛都送很多样本过来，我都叫他不要送那么多，自己拿来我帮他测就好，不然奖项都给他包办了。”

对方政伦而言，参赛是确认风味相对客观的一种方式。因为每次有十几个杯测师帮忙判断，他当然不会错过这个机会。而已经升格担任指导者，教导中国台湾咖农田间管理与处理法的他，也骄傲地表示：“很多我的学生都已经把我比下去了，像佳禾制茶厂这次就比我还高分。”曾经碰过壁、走过冤枉路的他，希望大家可以一起提升中国台湾咖啡的整体质量，“咖啡的市场很大，我们的产量又都不大，所以不该是彼此竞争，而是相互促进提升。”方政伦语重心长地说。

历经多年低潮，2011 年重新出发

2007 年获得古坑中国台湾咖啡评鉴会冠军时，方政伦其实还只是个咖啡门外汉。家里仍是以制茶、培育兰花为主业。因在古坑听到朋友说有比赛举办，抱着好奇家中咖啡豆的质量而参赛。

“我那时去阿里山农会要报名表，农会找了好久，才找到公文，它被压在抽屉的最下层，因为这边都是种茶。”方政伦开玩笑地说，如果那时农会没有找到报名表，他也没有继续追问，就不会有现在的他了。

2007 年的得名，他归功于阿里山本身的肥沃土壤与高温差气候。“那时我用炒茶锅炒豆子，只有脱皮机没有脱壳机，就把豆子装在揉捻茶的尼龙袋里，往地板、墙上摔，一次 3kg，让豆子脱壳。”方政伦说那时的自己并没有真正了解咖啡，得了奖后决心认真研究，全家人也都支持。他们一起去找业内知名的烘豆专家，却被对方礼貌性地表示：“你要学烘豆还早呢！”他便决定自己实验，买了烘豆机，一步步尝试。

接着便是几年的低潮，他看着其他农夫在进

1. 还没有买脱壳机前，方政伦曾尝试把生豆放在袋子里，往地上、墙壁上摔，摔完后，用嘴巴把壳吹掉，以人工来脱壳。
2. 方政伦的处理后台，内有脱壳机、风选机和粒径筛选机。

步，只有他停滞不前。直到因为资深咖啡人谢博戎的关系，认识了夏威夷咖啡大师 Miguel Meza，了解肯尼亚式三阶段的水洗法，好像某扇门被打开了，接着便是一路实验、一路获奖。

那是一段重要的经历，这也是为什么他现在很愿意与人分享经验的原因。“我走了很多岔路，还好当时坚持下来，现在与人分享心得与经验，就是希望大家能少走点冤枉路。”方政伦说。

用对的方法，让中国台湾咖啡走向国际

多年来的实践，让方政伦累积了足够的经验与自信，也让他看到中国台湾咖农的困境。

中国台湾一般农民普遍没有处理法的相关知识，如果遇到没经验，或对咖啡掌握不足的指导者，整区做出来的咖啡风味都会失准。现在不少产地在做的长发酵、久浸泡，在方政伦来看便是走回头路的做法。也有人坚持日晒一定要百分百用太阳晒，“可是如果阴天没太阳，日晒的天数就要拉长，糖分发酵是化学变化，时间一拖长，就不会是我们想要的味道了。”方政伦说，“我在跟咖农交流时，都会告诉他们，如果庄园没有干燥机，做蜜处理跟日晒豆就是一场赌博。”

有太阳当然很好，他不讳言太阳可以节省成本，且其本身的紫外线、温度都会让咖啡里面的生成物质香气更浓厚。但不可能永远等待太阳，南美洲生产高质量咖啡的巴拿马庄园，也是家家户户都有干燥机。

说到一半，他拿出了近一两年的秘密武器，如果不是做生豆处理，便不可能会有的黄金果壳茶。那是蜜处理过后的咖啡皮，有点类似 Cascara（咖啡樱桃果干茶），但因为经过蜜处理，没有酸味，喝下去满口甜馨香。

方政伦以焙茶机 80 ～ 90°C烘焙 8 小时，只要添加热水浸泡，便会有如桂圆茶的甜味。我惊讶于它的甜度，方政伦说那是天然的果糖，当做到够甜时，咖啡豆通常也会得到比较好的分数。2016 年日月潭中国台湾咖啡豆十二强赛，他就是送这支豆子得到冠军的。

“我还在试，比如调整烘焙的温度、时间，或是在蜜处理的时候可以怎么改，去看看还可以如何让它更好喝。”方政伦笑着说，像个认真的大孩子，玩上瘾般的，“现在只要给我看带壳的咖啡豆，我大概就可以知道它能做到哪个质量。”

如果没有种植，我们便不可能谈处理法；如果没有生豆、处理法，咖啡的论述必会少了重要的一块。从种子到杯子，咖农让中国台湾的咖啡论述，完整丰富。

如果不是做生豆处理，便不可能有黄金果壳茶。那是蜜处理过后的咖啡皮，喝下去满口甜馨香。

只要有空，方政伦都会自己站吧台，亲自煮咖啡。

Special Skills
处理法

关于处理法
原本看不出来的，看带壳生豆一切就清楚了

平常看到的脱壳生豆，若没有生产说明，很难由外观辨识处理法。但其实看带壳生豆就很清楚明了，不同处理法在气味、颜色上都有差异。方政伦说：“处理法在农业技术上一点都不深奥，就是一种糖分管理。”

Point

咖啡的发酵是化学变化，糖分发酵会变成酒，酒发酵会变成醋，醋再发酵会变成酱油、酱菜等。讨厌日晒豆的人，多半是因为喝到了酱菜、豆腐乳的味道。其实只要时间拿捏得当，日晒豆也有丰富多元的迷人风味。

蜜处理

保留糖分但不发酵，因此要缩短晒干时间，让其呈现金黄色的外皮，不能有红斑或黑斑的氧化现象。带有蔗糖蜜饯香，杯测时有荔枝和水蜜桃味。

日晒

保留糖分并让糖分发酵，因发酵会带着酒香气，若以杯测结果论，方政伦的日晒豆有浓郁的哈密瓜与水果酒味。这也是他冲出好咖啡的关键。

Insight

方政伦的咖啡萃取

在邹筑园里，有虹吸与手冲两种。不少人都称赞他的手冲技巧，方政伦总会开玩笑地说：“做农夫手有力，比较稳。”注水量稳定、对时间的精准掌握，是他冲出好咖啡的关键。

虹吸壶煮咖啡

粉水比 16g ： 160ml=1 ： 10

温度 92°C

冲法 水到上壶时，煮 1 杯浸泡 1 分钟、2 杯浸泡 55 秒、3 杯浸泡 50 秒。然后以毛巾包覆下壶， 萃取咖啡液。

手冲咖啡

粉水比 25g ： 300ml=1 ： 12

温度 87°C

冲法 闷蒸 30 秒，接着以等量小水柱注水，整个过程（含闷蒸）2 分钟结束。

Secret Weapon
器具

方政伦的咖啡秘密武器

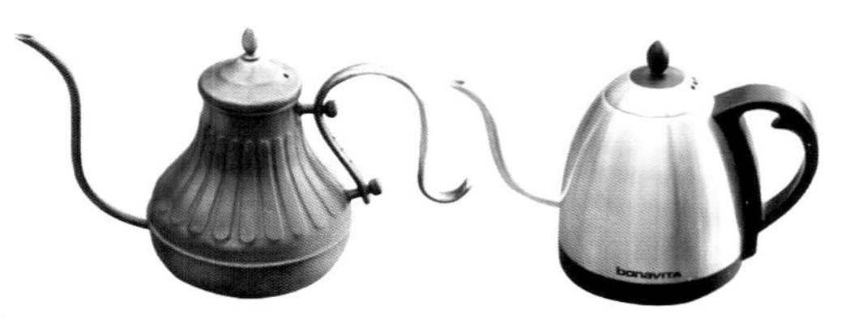

1

左边是刚开始学咖啡手冲时所使用的铜壶，壶嘴细，容易控制水量。熟练后，便改用右边的bonavita，它是现在每日手冲时的好帮手。

2

在还没有烘焙机前，方政伦都用炒菜锅或炒茶锅炒焙咖啡豆。那时留下来的铲子，充满着“生猛有力”的回忆。

3

2007年获得中国台湾咖啡评鉴会冠军的豆子，其实是“摔”出来的。那时还没有买脱壳机，便用茶叶揉捻时充满韧性的尼龙布，把咖啡豆放入，往地上、墙壁上摔，把壳摔出。

4

2016年的最新好成绩，中国台湾咖啡十二强赛冠军。这次送去参赛的便是经过好几次实验后的蜜处理豆。

Dream

方政伦的咖啡理想

发展出更方便、有效率的干燥机

现在的干燥机都是一层一层的，就像在外面晒豆子一样，每隔一阵都要翻动。如果可以做滚筒式的干燥机，慢慢滚，每次滚一点点，就不用人为翻动。当然也要实验，找出最佳的温度与天数，比如以40°C烘4天，这样农民以后只要把参数调好，4天后去拿豆子就好。如此质量就会稳定，也不用看天气，大家都可以使用，让质量提升。

QUESTIONS & ANSWERS

方政伦

给咖啡魂的备忘录

Q 进入咖啡行业，和 2007 年比赛得奖有很大的关系，以前比较像玩家，后来越来越专业，这是一个重要的分水岭吗？

A 2000～2007 年，同时在做茶和咖啡，但茶叶有收入，所以做茶为主，咖啡只是理念、好玩。那时会去参加比赛，只是想知道自己的咖啡品质到什么程度。没想到 2007 年一得奖，中国台湾的咖啡玩家都来找我。我看到咖啡的远景，就觉得要认真在咖啡领域里好好地做。

既然要进入这个行业，就需要很多研究、实验去积累经验，这些经验都很宝贵，我现在经常分享给其他的农园。一方面希望大家不要误入歧途，另一方面就是希望中国台湾咖啡整体都可以提升。看到学生的成绩很好，我也有荣誉感。

Q 从种植、处理、烘焙、冲泡到咖啡馆的经营，种子到杯子的所有过程你都做过了，最喜欢哪一个环节？

A 我喜欢后制，它真的很好玩，而且只要制作出来就决定了它的命运，是咖啡豆最重要的环节，你只要制作出这个味道，就回不去了。比如你做到有酒香，就再也做不回水洗豆的味道；如果你做到醋的味道，就再也回不到酒味了。它的味道是一直往下跑，回不来的，只要你决定了，就算是用烘焙、冲煮都改变不了。当然烘焙可以加分、减分，冲煮也是，但不可能改变它的本质，而且一般咖啡人通常也碰不到这块，所以虽然我不是做咖啡做了三四十年的老店，但我会了解当中的环节。今天一杯咖啡喝下去，我大概都可以知道是什么环节有失误，或是哪个地方做得不错，所以那时候觉得蛮简单的就是因为这个原因。

Q 觉得做咖啡要有什么特质？

A 要固执，处理法不是套用就好，要不断地试验且坚持下去，不然很容易因为挫败感就离开了。

Q 想给入行者什么建议？

A 开咖啡馆非常梦幻，也非常现实。自己要会辨别咖啡的好坏，不能单纯听贸易商的说法，尤其刚开店时会遇到一些专业人士，接着评价就会传播出来了。只要一杯不好，传开以后就会越来越难做，会流失掉愿意花高价的客人，最后只剩下点便宜单的客人。这样有些人为了存活，就开始卖轻食、简餐等附加的东西，最后就偏离了轨道。

Q 除了自己的店以外，还有其他喜欢的咖啡馆吗？

A 嘉义的圣塔咖啡，一家很热情的咖啡馆，咖啡的口味很不错。丑小鸭滤杯的手冲也很有一套，他冲的咖啡，甜感很好。另外郑超人的店 TerraBella，他的烘焙很厉害，我几乎不卖生豆，但每年都会留一点给他。

后制，它决定豆子的命运。

如果做到有酒香，就再也做不回水洗豆的味道，

不论烘焙、冲煮，都不可以改变它的本质味道。

——方政伦

三上出

Izuru Mikami

全世界找好豆子

“咖啡的核心一定要好，重点还是生豆，只要每年去产地实际看过就知道。为了喝到一杯好咖啡，我们要关心土地、关心人，甚至关心整个世界气候的变化。”

冯忠恬 / 文　林志潭 / 摄影

BE KNOWN FOR……

拥有严谨的职人态度，从早年跟着日本堀口俊英 LCF 引进精品咖啡豆，到后来直接到产地跟咖农购买，他是中国台湾最早引进精品咖啡豆的人之一。目前身兼国际比赛评审、生豆进口商、哈亚咖啡老板，谦虚地说自己不是技术人，信奉咖啡的本质——生豆的重要。

咖啡资历
Seniority

32 年

经历

- 1988～1997 年，在日本咖啡厂商负责业务
- 1998～1999 年，担任咖啡馆加盟主创业开店顾问
- 2000 年，创立哈亚咖啡民生店
- 2000 年，从日本进口咖啡豆
- 2003 年，跟着日本堀口俊英 LCF 进口生豆
- 2005 年，成立上登国际，直接向咖农购买生豆
- 2005 年 12 月，哈亚咖啡天母店开业
- 2009 年 7 月，哈亚咖啡民生店搬到敦化北路现址
- 2012 年，担任 BOP（最佳巴拿马）国际评审
- 2015 年，哈亚咖啡三创开业

追求食材溯源，到世界各地寻豆

“这是个崭新的世界，许多东西都还没有命名，想要述说还得用手去指。”这是《百年孤独》里的马孔多，也是千禧年前后，中国台湾咖啡市场的状态。

2000 年，咖啡圈盛传，台北民生东路的巷子里开了间小店，老板是日本人，销售市场上不常见以手冲萃取的精品咖啡。那时中国台湾的咖啡馆多以虹吸冲煮，摩卡偶见，看过或喝过手冲的人不多。三上出承袭着日本的咖啡文化，以 KONO 滤杯与职人的专注，手冲出杯。

虽然 1995 年张耀《打开咖啡馆的门》宣告了中国台湾咖啡文化的崛起，但那时咖啡市场极度不透明。当原料来源掌握在生豆商手上时，进口商说它是蓝山，大家就说是蓝山。但拥有丰富经验的三上出知道，有的时候只是哥伦比亚豆或大象豆，另外也出现了产区没有的规格，如“国宝级”“A 级”蓝山等，整个市场都是营销语言，看不见真正的生产履历。

面对种种问题，追求食材溯源的三上出，决定跳过中国台湾进口商，直接从日本拿豆子，甚至找机会到产区，了解豆子的身世。

他先是加入了日本精品咖啡先驱堀口俊英于

2002 年成立的 LCF（Leading Coffee Family），此乃凝聚日本多家咖啡馆，以单一货柜长期向固定庄园或农会购买咖啡豆的组织。那时日本的精品咖啡协会（SCAJ）都还未成立（2003 年才出现），LCF 便成为在日本业界想要拿到独特好咖啡的代名词。三上出不但成为 LCF 一员，而且只要有机会就跟堀口俊英一起到产区。除了日本这条线，他和太太林雪芬还不断地找方法寻机会，希望亲临更多产区。

千禧年前后的中国台湾，不像现在网络方便，可以直接写邮件给庄园主。1999 年，卓越咖啡组织才首次承办全球 11 个产区卓越杯竞赛；2000 年，美国精品咖啡协会也才第一次举办世界咖啡师大赛。在世界精品咖啡市场里，强调单一庄园，追求生豆质量，呈现独特风味与冲煮技术，其实也不过十几年的事。这场浪潮，中国台湾其实没有落后太久，尤其是在强调豆子本质上，三上出他们是紧跟趋势的！

从印度尼西亚的苏拉威西、苏门达腊，非洲的埃塞俄比亚、卢旺达、马拉维、肯尼亚，中南美洲的危地马拉、哥斯达黎加、巴西，到近年几乎每年都会去的巴拿马，林雪芬说：“去产区真的是一件很有魅力的事，好希望可以把所有的优良产区都去一遍。接下来我还想去 San Cristobal Island（圣克里斯托巴尔岛），哈亚咖啡用了十多年那里的豆子。”San Cristobal Island 是厄瓜多尔外海的一个小岛，岛上 85% 的面积都是国家公园。

不只找风味，也是寻好的环境、好的咖农

如果看过林雪芬的脸书（Facebook），就会发现里面有不少她与三上出以及农场主的照片，不管是翡翠庄园的 Rachel、Daniel，还是科托瓦庄园（Kotowa）的 Ricardo，这些精品咖啡世界里的明星农场主，都是他们的长期合作伙伴。

店里的杯子，都是精选而来。

不过如果问他们到庄园都看些什么？除了实际的杯测品评外，他们也很在意生态友善以及对采收工人是否人性化对待。点开哈亚咖啡官网，可以看到热带雨林保护认证、鸟类保护认证、有机认证、公平贸易等标章。今年林雪芬到巴拿马，在很美的山林里，还录下了一段鸟声音频，让听者如我都忍不住惊呼："如果能喝到在这片快乐鸟声里种植的咖啡真好！"

"当我们在寻找好咖啡时，一定要注意人道与环境，当整个循环都是好的，我们才能持续产出优质好咖啡。"三上出说出了他找豆子的两大精神：持续性（sustainable）和可溯源（traceable）。2005 年，为了提供业界高质量生豆而成立的"上登国际"便是秉持着如是的精神，希望不只着重在风味，也能对生态、人道有好影响。

提供中国台湾 WBC 选手专业咨询与建议

2007 年，中国台湾第一次参加 WBC，开出了宝岛咖啡师和国际接轨的首发车。除了创意，WBC 很重视生豆本质。为了准备比赛，2008 年的中国台湾代表选手侯国全特意来找三上出，希望能更理解生豆，也想要寻求资源，找到市面上没有的风味。

那时的耶加雪菲有点像现在的瑰夏，香气与风味很好，却没有普及起来，三上出便推荐给侯国全，并亲自担任烘焙师，互相讨论所欲呈现的感觉，这让侯国全挺进世界 12 强，也是在吴则霖 2014 年拿到世界第 7 名前的最佳成绩。

后来随着网络发达、信息流通快速透明，自烘咖啡馆兴起，中国台湾的精品咖啡市场和国际接轨密切，烘豆师也屡屡获得国外佳绩。咖啡单上的品项，从产地、庄园、处理法、品种、烘焙度、冲煮器具，越来越完整多元。咖啡市场一直跑一直跑，然后就迎来了 2016 年最振奋人心的消息——吴则霖获得 WBC 世界冠军！

一路走来，三上出和林雪芬都默默地做着现在看来理所当然，在当时却是极度突破与辛苦的寻咖啡之路。中国台湾的精品咖啡市场就是这些人一步步打下的，每一步都算数，累积成现在的模样。

来自翡翠庄园与科托瓦庄园的瑰夏，一个香气奔放，一个沉稳优雅。

寻豆寻了十多年，还有让人惊艳的好豆子吗

对于咖啡执迷者而言，总是不断在寻求独特好风味。第

三上出和妻子林雪芬是彼此寻豆、讨论风味的好伙伴。

一次在印度尼西亚苏拉威西喝到的传统品种，初次品尝到耶加雪菲、瑰夏的感觉都还在。对找豆子找了十几年，熟悉每个产区与品种味道的三上出来说，找咖啡不只是寻找高质量风味，更是一种认识世界的方法，每每遇到自己没喝过的口感或没有闻过的香气，他们都会高兴得跳起来。

时间回到 2009 年，那时三上出和林雪芬到耶加雪菲，见到非洲妇女用木炭、土锅炒咖啡生豆，炒到都有点焦焦的。正当他们狐疑："这么深还可以喝吗？"就见妇女将咖啡豆以木棒敲碎，倒进热水壶，稍微煮一下，倒成小杯给他们。

"很好喝，就是耶加雪菲的风味，里头的酸味还在，甚至比中国台湾很多地方卖的更好喝。"三上出眯着眼回忆。

时间再拉到 2016 年，在东京咖啡展上，他们在巴西豆里喝到了有肯尼亚风味的咖啡。"传统的巴西咖啡不会有这种味道，很惊喜，也很感动。"三上出和林雪芬不约而同地说出了他们的新发现。

不管世界如何喧嚣，中国台湾的咖啡光环有多大，三上出和林雪芬一点都不改低调本性，总是站在幕后，寻找让他们感动的好咖啡。每年的 4 月 22 日，哈亚咖啡会响应世界地球日，全店关灯 2 小时，捐赠当日所得。三上出笑着说："只要每年实际去产地看过你就知道，为了要喝到一杯好咖啡，我们要关心土地、关心人，甚至关心整个世界气候的变化。"

不只是一杯好咖啡，也是一杯可持续、生态永续的咖啡。

咖啡， 真的不只是风味这么简单。

和耶加雪菲当地处理咖啡的妇女合照。

Coffee Explore
寻豆

去国外找豆子

都看些什么呢

参观庄园，观察生态环境

庄园主如何处理生豆

查看品管状态

对待员工是否人性化

杯测咖啡豆，选择批次

担任评审

参加相关活动
此为 2014 Best of Panama（最佳巴拿马）颁奖典礼

对于竞标平台的想法：我们平常就在做类似的事了！

对于很多想要直接跟咖农买生豆的咖啡人来说，竞标平台是一个公开且透明的渠道，不管是 BOP（最佳巴拿马）、Esmeralda Special，都可以借由登录、缴费、拿取样本后，在一定的时间上网竞标，获得顶级豆子。

起初，三上出也曾通过竞标平台获得生豆，由于这是一个面向世界的舞台，哪一个独特的批次被哪一家公司获得，大家都会知道，因此也是很好的营销渠道。但随着和咖农建立起紧密关系，不少庄园会特意保留某些好风味的生豆给他，或直接合作专属批次，让上登国际提供给咖啡同业。面对着这几年竞标平台的炒作，三上出回归到深入了解产区特性，和优秀的庄园主合作的模式，一同探索咖啡的各种可能。

在 Coffee review、Ninety plus、竞标的独特批次纷纷出现，甚至主导了咖啡市场对好咖啡的风向时，三上出说："我不希望消费者以为只有这些才是好咖啡。曾经有过经验，在国外当评审，外国人评的分数往往都高过我们 5～7 分，怎么会有那么多 90 多分的咖啡呢？ 90 分以上的咖啡一生中只能相逢几次。"

面对着咖啡界为了营销的分数膨胀，三上出回到自己对风味与庄园的理解，他说："其实我们做的事和竞标很像，就是每年尽量拿很多的优质样本来试。"然后以他当国际评审与 30 年的咖啡实践经验，替消费者寻找独特风味的精品咖啡。

三上出的咖农朋友

让我们一起尝试做出专属的批次

1 巴拿马 玻葵德 山脉庄园 柯伊庄园 特·别·保·留·版 (Kooi Reseva Washed)

Ricardo 拥有卡托瓦 Don K 与卡托瓦 Duncan 两大庄园，以生产高质量精品咖啡著名，家族生产咖啡已超过百年。2014 年荣获最佳巴拿马最佳庄园生产奖，并曾在巴拿马全国咖啡大赛中获得日晒组与传统品种组冠军。除了发展出独特的采摘法，为了取得最好的咖啡豆，有些批次的淘汰率甚至高达三成。

Don K 与 Duncan 庄园分别在山脊两侧，火山地形、太平洋的吹拂与高海拔，给此地带来丰富的微型气候。三上出特别和 Ricardo 合作，将 Don K 与 Duncan 交界的一个区域，独立出来生产给哈亚咖啡，并将其命名为“Kooi”，目前特别保留版（Kooi Reserva Washed ）共有 4 个品项，其中还包括了水洗与日晒瑰夏。

“Kooi” 这个名，是三上出和庄园主 Ricardo 讨论后决定的，它是 Ricardo 祖父的名。

背后是 2014 年时 Ricardo 正在实验的日晒法，不同于传统高架非洲床模式，Ricardo 把地面挖出一个深度后，摆入米糠，再把咖啡豆晒在上面，让日晒时能通风且不易产生腐臭或发酵过头的气味。

杯测笔记

拥有清爽舒适的柑橘感，明亮花漾般的南洋水果味，纤细的花香散发出高雅大方的气质，相当享受干净特殊的杯感。

杯测这个品项时，忍不住发出感叹：“咦？这是日晒的咖啡吗？”它有令人惊讶的纯净巧克力味，还有黑樱桃般的感受。另外，相较于 Don K 地区与 Duncan 地区的咖啡来说，又多了一份牛奶与牛奶糖般的丰富感。

巴拿马

翡翠庄园

日晒蓝宝石

地域 Canas Verdos and Jaramillo
庄园主 Rachel Peterson
品种 卡杜拉、铁毕卡、波旁
处理法 日晒
海拔 1 400 ～ 1 600m

2 巴拿马 翡翠庄园 日·晒·蓝·宝·石

采摘熟红的咖啡果实。

翡翠庄园的豆子无可挑剔（还记得他们让瑰夏发光发热的故事吗）。虽然如此，三上出还是想要挑战风味的极致表现。2012 年他们来到巴拿马，和庄园主 Rachel 一起站在山头远眺，感受大自然美好的同时，凭借着多年的合作与信任感，林雪芬丢了个难题出来：“我们来做日晒豆好不好？”

当时的巴拿马精品豆以水洗出名，日晒要控制的变因多，不过那时埃塞俄比亚刚做出很好的日晒耶加雪菲，打破了传统日晒杂味重的印象。在共同讨论下，Rachel 决定接受任务。2013 年初，当哈亚咖啡拿到第一批处理好的豆子时，非常惊喜。同年 9 月，Rachel 来信问：“叫它蓝宝石好吗？”于是这款专为三上出他们订制处理法的咖啡豆就此诞生。

Insight **杯测笔记**

拥有厚实的巧克力与果酸味，带有花香与莓果香，以及巧克力、太妃糖和焦糖奶油的顺滑口感。

Coffee Choice

选豆

三上出的严选咖啡豆

危地马拉
茵赫特庄园
帕卡马拉水洗

茵赫特庄园位于危地马拉薇薇特南果，庄园主 Aguirre 致力原生品种及永续经营农耕法，并力保生态链的平衡，获雨林联盟的认证。生产管理很先进，这款帕卡马拉风味丰富，果酸厚实，整个风味偏向黑色莓果调，浅烘焙，喜欢水果香气与酸甜度的很推荐这款。

危地马拉

茵赫特庄园
帕卡马拉 品种 水洗

干净、明亮，如丝绸般黑莓果调性口感

巴拿马庄园

特别保留版
瑰夏 水洗 / 日晒

水洗有果香、蜂蜜、核桃；
日晒有辛香料与果酸味

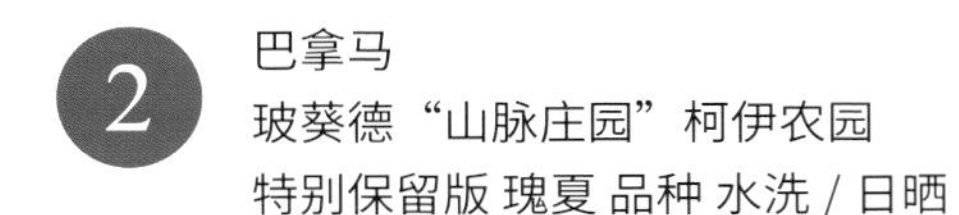

巴拿马
玻葵德“山脉庄园”柯伊农园
特别保留版 瑰夏 品种 水洗 / 日晒

数年前与庄园主 Ricardo 讨论，特别将 Don K 与 Duncan 两区交界的一个特别区域，独立出来和哈亚咖啡合作，为卡托瓦庄园提供给哈亚咖啡的专属品项。海拔 1 700m 以上，水洗瑰夏拥有果香、蜂蜜与核桃的调性，加上淡淡花香，入口可感受到水果与可可交织在一起的风味；日晒则带有一点辛香料与黑樱桃的果酸味。

肯尼亚
基里尼亚加凯那木处理厂
波旁 品种 水洗

由内罗毕的出口商在肯尼亚咖啡竞标所购买的肯尼亚最高级豆。肯尼亚产区中的基里尼亚加湦里，是闻名于世的高质量咖啡生产地，也是欧美的精品咖啡业者相当注意的地区。海拔 1 700m，原始的波旁品种，芳香与花漾般的果实口感给人深刻印象。

肯尼亚

基里尼亚加凯那木处理厂
波旁 品种 水洗

蔷薇果、黑莓浓郁的水果风味，
还有淡淡的红茶味与花香

中国台湾
哈亚咖啡
缤纷瑰夏

三上出调配的配方豆，由三支豆子组成，其中瑰夏占比 50%。由于高质量瑰夏价格不菲，为了让更多消费者能感受瑰夏风味，特别调配出此款缤纷瑰夏，加强其果香印象，也让价格更平易近人。

中国台湾

哈亚咖啡
缤纷瑰夏

丰富干净的瑰夏果香感

哥伦比亚
乌伊拉卡奇卡农协
卡杜拉 品种 水洗

卡奇卡是农协组合 ADPASO（Asociacion de Productores Agricolas de San Roque）登记在案的咖啡品牌。1985 年设立，庄园所拥有的土地一般不超过 4 公顷，由超过 100 家生产咖啡的小规模农场组成。海拔在 1 600 ～ 1 850m，火山土壤，和传统对南美洲的咖啡风味印象不同，以拥有果实感的酸味以及牛奶巧克力般的柔顺口感为其特征。

哥伦比亚
乌伊拉卡奇卡农协
卡杜拉 品种 水洗
甘蔗与焦糖的甜，类似李子的果酸，还有巧克力风味

卢旺达
凯伦葛拉西亚处理厂
红波旁 品种 水洗

2006 年成立，采收自当地约 661 个小农场的处理厂，位于卢旺达西南部。虽然处理厂位于海拔 1 800m，但采收的咖啡甚至跨越到海拔高达 2 000m 的区域。由农学家乔纳森·津达纳领导，从采收到处理都严格品管控制，拥有蔗糖的香气，并带着花香，有黑樱桃般的明亮果酸，以及类似黑醋栗的莓果类风味。

卢旺达
凯伦葛拉西亚处理厂
红波旁 品种 水洗
蔗糖、花香、黑樱桃的果酸与莓果类风味

秘鲁
卡哈马卡菲斯帕庄园
波旁 品种 水洗

菲斯帕庄园于 1960 年由 Victor Arehundro Garcia 所设立，第三代的 Wilder 虽是年仅 24 岁的年轻人，但他在 18 岁时即已参加专业机构举办的农园指导员研修，学习农园管理，目前菲斯帕庄园已是秘鲁不少庄园生产者学习的场所。波旁品种，海拔 1 700 ～ 2 000m，拥有令人惊讶的水果香气，是中国台湾咖啡比较少见的风味。

秘鲁
卡哈马卡菲斯帕庄园
波旁 品种 水洗
浓郁水果香，蓝莓类的果实酸感，如蜜般的清甜口感

危地马拉
圣塔卡塔丽娜庄园
（特别保留版） 波旁 品种 水洗

安提瓜地区标高最高的庄园，海拔 1 958 ～ 2 070m，是百年以上 Pedro Echeverria 家族所拥有与细心耕耘的庄园之一。哈亚咖啡从 2003 年开始使用，2006 年拜访时，看见他们坚持传统农法，并种植番荔枝柃及 CHALUM 两种遮阴树进行水土保持，日夜温差 15 ～ 20°C，火山土壤加上高温差与种植专业，孕育出高雅、平衡感佳的美味咖啡。

危地马拉
圣塔卡塔丽娜庄园
（特别保留版）波旁 品种 水洗
具丰富的柑橘系果酸，还有浓郁奶油香与丰富的焦糖风味

巴拿马
翡翠庄园
（竞赛特别版） 瑰夏 品种 日晒

说到瑰夏，很多人都会想到发现它，并让瑰夏发光发热的翡翠庄园。此为 2015 年最佳巴拿马的冠军咖啡，生长于海拔 1 700m 处，风味绝佳，且拥有令人惊叹的干净度、明亮的水果酸、极佳的平衡感。

巴拿马
翡翠庄园
（竞赛特别版）瑰夏 品种 日晒
有柑橘、菠萝般的热带水果味，并有可可的余韵，带着花香

QUESTIONS & ANSWERS

三上出

给咖啡魂的备忘录

Q 觉得什么样的人适合做咖啡？

A 咖啡大家都喜欢，但如果是要做生意、希望有收入，只有喜欢还不够，还要想着怎么把产品卖出去。

这是一入行马上就会面临的问题，尤其咖啡其实没那么好销售，好咖啡的售价是一般咖啡的好几倍，很不好推。我觉得在中国台湾做咖啡要有点经济上的余力，如果前几个月（甚至前几年）没有收入，还是可以继续做下去。

Q 会给想要入行的人什么样的建议？

A 在咖啡馆做事跟自己开店不一样，经营一间小店跟稍大一点规模的店也不一样。开始前，可以先想好要做到什么程度。我从前便希望自己可以有咖啡馆、可以进生豆给同行，这么多年下来，算是达到了目标。所以建议要入行的朋友，可以先想 10 年、20 年后希望自己站在什么样的位置上，然后一步步努力达成。

Q 之前设定的目标，好像都做到了，有美梦成真的感觉吗？

A 过程真的很辛苦，现在看来好像稳定，但也是有不同的辛苦。以前只有自己，现在还有伙伴们，一步步达到，但不可能百分百，还在努力不懈地继续前进。

Q 做咖啡有那么多过程，最喜欢哪一个过程？

A 这个问题好难，我很喜欢选豆。但如果你不懂烘焙，就没办法选豆，如果烘焙没做好，也没办法冲泡。

Q 怎样累积自己的咖啡品味？

A 先找一两家口味喜欢的店，去那边喝不同品种的咖啡，多喝一点，然后你可以找出喜欢的风味与口感，比如喜欢浅焙还是深焙？如果喜欢肯尼亚咖啡，就把肯尼亚的风味记住，去别家店再试试。同样一支豆子在不同咖啡馆的风味有时差异很大，烘焙度不同，口感也会有落差。可以一个个去了解，慢慢就会有感觉与记忆，就不会只听店家说，但自己没有其他的参考值可以判断。

Q 除了自己的店外，最喜欢哪家咖啡馆？

A 日本的 SAZA Coffee，风味不错，而且常开在交通方便的地方。我们去东京下了飞机常会去品川车站，那里面刚好有个门店，是在日本停留时最常去的咖啡馆。

90 多分的好咖啡，一生中能遇到几次？

我在全世界找好豆子，每年尽量拿很多的样本来试，

为的就是替消费者寻找独特风味的精品咖啡。

——三上出

03

陈志煌

James Chen

北欧烘焙领航者

“我们怀抱款待的心意，咖啡只是一个介质，你走进来，便有一段美好的时光、美好的体验。”

游惠玲 / 文　李俊贤 / 摄影

BE KNOWN FOR……

陈志煌是中国台湾咖啡圈先锋，经常跑“第一”。2000 年，他大学还没毕业，就成立煌鼎咖啡，从国外购买精品咖啡生豆烘焙；“煌鼎咖啡异言堂”则是中国台湾第一个精品咖啡网络论坛，与同行和爱好者分享咖啡知识。陈志煌近来更研发出“阳光式烘焙法”，改良北欧式浅焙的缺点。他至今仍不停前进中。

咖啡资历
Seniority

22 年

经历

- 咖啡论坛早期玩家
- 2011 年，卓越杯咖啡竞赛组织先锋、荣誉终身会员
- 2012 年，参加丹麦哥本哈根北欧杯世界咖啡烘焙大赛，初赛 Espresso（意式浓缩咖啡）组冠军，复赛总积分世界第 4 名
- 2013 年，获挪威奥斯陆北欧杯世界咖啡烘焙大赛冠军
- 2013 年，Fika Fika Cafe 开业
- 2014 年，新加坡 Restaurant André 国家领导人高峰晚宴咖啡饮品负责人
- 2014 年，任 WCE 中国台湾咖啡烘焙比赛评审

咖啡先锋，没有终点的冒险之旅

出门看天气，没听说过喝咖啡也要看天气。如果气压不对，Fika Fika Cafe 香气型咖啡豆的单品咖啡就立刻停卖，这是咖啡职人陈志煌对质量的高度要求。

“当气压低于 1 000 hPa，尤其台风天，我们就不烘香气型的豆子，也不出香气豆的单品咖啡，低气压烘不出花果香气，萃取也会受影响。”采访当天，陈志煌在尝试冲泡咖啡之后对我们解释，他很坚持，像是若给我喝了那杯咖啡，就会赔上一生信誉。

这位中国台湾咖啡界的先锋，的确是拼了命在做咖啡。2013 年，他摘下北欧杯烘豆冠军；2016 年，他协助中国台湾咖啡师吴则霖夺得世界咖啡师大赛冠军，赛中使用的巴拿马 Finca Deborah 庄园瑰夏咖啡豆，就是由陈志煌亲手烘焙。陈志煌谈到当时的目标，就是要为吴则霖烘出绝对不会有机会被扣分的咖啡豆。

烘焙厂，名副其实的第二个家

反复练习、自我检讨与改进，让陈志煌的烘豆技巧能够炉火纯青，点咖啡成金。Fika Fika Cafe 架上经常空荡荡，熟客气得直跳脚。即便如此，陈志煌也不愿意降低标准，“我要确保客人拿到的豆子都是最好的。”也因此，店里咖啡豆一上架，就马上缺货。

周日，陈志煌的烘焙厂没歇息，机器轰隆隆作响。他习惯假日也在厂里度过，这里是第二个家，老婆 Maggie 也一起工作，两个儿子就看书玩耍，“我的小孩都是玩我们淘汰的豆子长大的。”

究竟烘坏过多少斤豆子？咖啡专家韩怀宗在著作《新版咖啡学》中提到：“（陈志煌）年仅 40（现

1. 陈志煌和老婆 Maggie 是生活伴侣，也是事业侠侣。
2. Fika Fika Cafe 的每种甜点都来自不同的点心坊，陈志煌跑遍全台，找到他认可满意的作品。这款奶香浓厚的烤饼，来自于高雄甜点店 S'more Sugar。
3. 陈志煌从不自我设限，Blue Note Project（蓝调计划）让咖啡馆在周五的夜里变身为小酒馆，听蓝调爵士、品精酿啤酒。蓝调计划目前暂停，但陈志煌总有另一个让人惊喜的新点子。

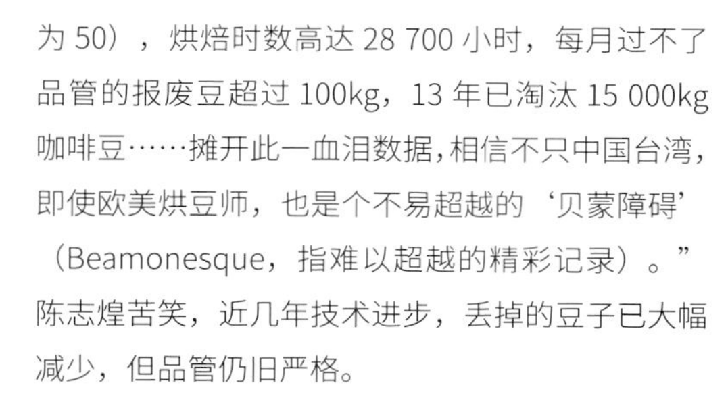

为 50），烘焙时数高达 28 700 小时，每月过不了品管的报废豆超过 100kg，13 年已淘汰 15 000kg 咖啡豆……摊开此一血泪数据，相信不只中国台湾，即使欧美烘豆师，也是个不易超越的‘贝蒙障碍’（Beamonesque，指难以超越的精彩记录）。”陈志煌苦笑，近几年技术进步，丢掉的豆子已大幅减少，但品管仍旧严格。

那个气压理论也是在反复实验操作中发现的：气压高，水中含氧量大，溶出率就会下降，必须借由提高水温，或是将豆子磨得更细来调整；反之，台风时气压降到 950hPa 甚至更低，就要稍降水温、研磨调粗点，以免豆子出现苦味、杂味。

陈志煌就是下足功夫要将豆子的香气完全演绎出来，就连因气压会损失的芳香也不能少。“我们绝不会把‘好球带’放宽！”在烘焙厂这座实验室里，他秉持科学办案的精神，精准记录每个烘豆瞬间的变化。“品管要不带感情。”他以感官进行严格测试，结果不合理想就毫不犹豫地淘汰。

近来，他更突破原本北欧式烘焙法的限制，研发出阳光式烘焙法（Sunny Roast）。职人分析，北欧式浅焙的优点在于入口时香气是炸开的，但缺少绵长余韵。这香气跟口感厚度（body）经常是跷跷板的两端，谁多了另一个就会少，陈志煌通过对温度及风门等烘焙条件的控制，让豆子能同时保有香气及口感厚度。这就是阳光式烘焙法，喝了就有好心情，陈志煌每个时期的烘焙手法都不同，每年都在进步！

烘咖啡理性，喝咖啡感性

烘咖啡无比精准，但对喝咖啡的人却又无限宽容。Fika Fika Cafe 抱着款待之心，在可能范围内，希望让每位进到店里的顾客都能找到喜欢的咖啡。喝咖啡是很个人的，同一杯咖啡，有些人会觉得天堂般美味，有些人却觉得是洗碗水。

人生有两杯咖啡，让他忘不了

一杯传递情感。那回，陈志煌的父母在日本山区旅游迷路，天色渐暗、空中飘雪，好不容易找到亮着灯的小屋。开了门，屋内主人那杯暖热的咖啡，褪去了陈志煌父母一身的疲惫，陈志煌母亲说那是她这辈子喝过的最好喝的咖啡。

另一杯述说美味。大约 18 年前，拉花拿铁在中国台湾还是个陌生名词，陈志煌和 Maggie 却已经在西雅图名店 Espresso Vivace 品尝到人生第一杯拉花拿铁，滋味竟如美食般可口，有浓郁焦糖味，焦糖味中又有香草香气、核果味道，喝一口之后就迫不及待想把它喝完。

那一刻，他找到了心中对于好咖啡的定义，就跟美食一样，会让人喝了还想再喝。现在，两人还准备在新的咖啡空间里设置食物实验室，让咖啡有更多元的可能性呈现，谁说咖啡馆不能卖卤肉饭、牛肉面？

这位职人认为，比起茶、酒的悠久历史，人类对咖啡的理解，其实还在“幼儿园”阶段。因此他从不设限，咖啡里永远有神秘未知值得探索，两人的咖啡冒险，启程了就不会有终点，在路上总有最美的香气与风景。

Fika Fika Cafe 的经典品项——黑砖欧蕾：以意式浓缩咖啡制成的冰砖，加上特别熬煮的黑糖浆。在品尝过程中，可依自己喜欢的口味来加入牛奶及黑糖。

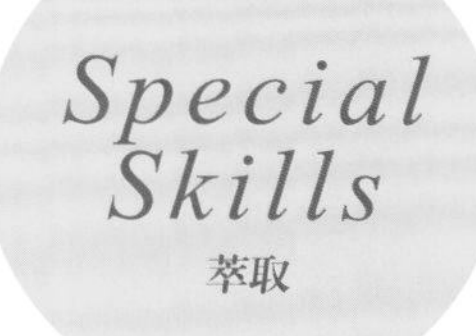

陈志煌的咖啡萃取

Filter Shot，结合滤泡与意式浓缩咖啡的双重优点

伊通公园的绿意，是 Fika Fika Cafe 的常驻风景，陈志煌和 Maggie 特意将整座空间打造得通透明亮，就像多年前他们在西雅图名店 Espresso Vivace 所享受的感觉。

陈志煌把伙伴看成一起作战的团队，服务模式没有 SOP，任何一位伙伴都能让客人感到宾至如归。咖啡馆早上八点就营业，上班族在上班前就能享用一杯好咖啡及美味健康的早餐。每个人走进咖啡馆的理由都不同，但同样能享受一段舒适愉悦的时光。

Filter Shot

使用器具 Shot Brewer

示范豆 MIS 巴西豆

研磨度 细研磨

粉水比 13～16g ：60ml

水温 93.3 °C

“Filter Shot”结合手冲滤泡及意式浓缩咖啡两种方式，利用可变压的意式浓缩咖啡机器 Shot Brewer，不挤压咖啡粉，通过恒温可变压的水力，萃取出手冲滤泡般的口感。优点是能够让水温从头到尾都保持一致，保存最佳香气，整个萃取过程也更快，只需 40 秒。

① 将研磨好的咖啡粉放入机器中，不必挤压，只要将咖啡粉摇平、呈蓬松状态即可。

② 锁上机器，让内置如莲蓬头般的出水口洒下恒温热水，计时 30 秒进行闷蒸。

③ 再注水，闷蒸 4 秒钟，即可萃取出 60ml 的咖啡。

Special Skills
烘豆

累积20年的数据资料

烘豆没有秘诀，精准踏实求进步

从 20 年前开始烘豆起，陈志煌就仔细记录并保存每一笔烘豆的数据，需要时就可供比较。烘豆过程中，陈志煌不接手机，全然专注，观豆色、听爆裂声，让所有的烘焙魔法在十来分钟内完全绽放。

进入陈志煌的咖啡后台 烘豆工坊里的宝贝

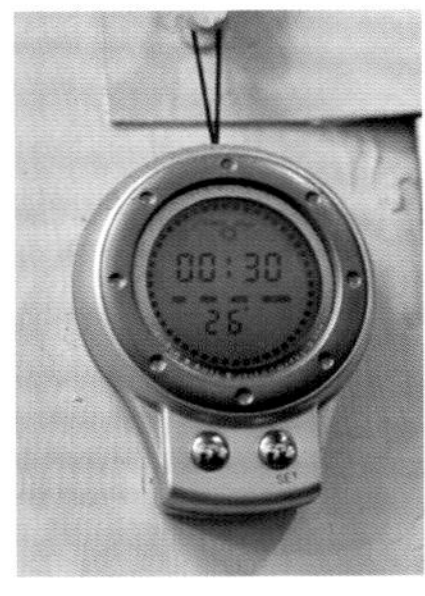

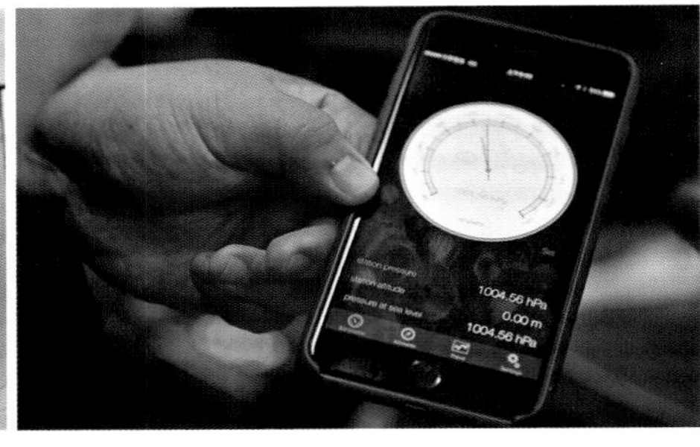

① 关键气压计

墙上总挂着气压计，这是当天是否动工、如何动工的重要依据，例如台风来袭时气压低，就不是烘豆的好时机。不只在烘焙厂，就连咖啡馆里每位伙伴的手机里，也下载了相关应用软件，萃取前也一定要确认当时气压。

② 老派的优雅

机械式的操作就像是陈志煌双手的延伸，使用超有感觉、最自在。两台使用已久的 The San Franciscan 烘豆机，像火车头一样，一暖机就轰轰作响。

③

科学化精准

为了方便判读风门、温度等数字，陈志煌在机器上加装仪表，以精准掌握每个烘豆瞬间的变化。

④

严格的品管

每批豆子一烘好，就马上用聪明滤杯进行测试，以固定的水温、咖啡粉克数、水量及时间来萃取，聪明滤杯能让陈志煌尝出最没有人为干预的味道。接着他和 Maggie 就会马上进行讨论，判断是否需要养豆。如果味道不合两人标准，就马上丢弃该批咖啡豆，丝毫不留情面。

Secret Weapon
器具

陈志煌的咖啡秘密武器

陈志煌的烘焙厂犹如实验室，各年代各型各式和咖啡相关的器具琳琅满目，甚至有日本铜制的小型手摇烘豆机，优雅古典。而两座如蒸汽火车头般的 The San Franciscan 烘豆机，则是注目焦点，老派的优雅永远不会退出流行。

1 近红外线精密仪器

Agtron 近红外线焦糖化光谱分析仪，每批豆子烘好后都要进仪器测试，确认烘焙度等数字，进行烘焙质量监测管制，以确认每批豆子的状况。

2 讲究保存温度

陈志煌对细节有相当要求，温度也是影响生豆保存与香气的关键。进口的生豆多以大麻布袋包装，到了厂里，再个别分装成小真空包装，放入冷藏库存放。厂里还特别设置了零下 20°C冷冻柜，存放来自世界各地的经典咖啡豆气味样本。

3 标准测试杯

每次萃取完成之后，陈志煌和 Maggie 会用内白外褐的咖啡杯（内白方便观察，外褐则接近琥珀颜色）品尝、观色。质量好的咖啡，周围会带琥珀色圈。

4 实用美观兼备的多功能电子秤

萃取时精准的测量动作不可少，陈志煌使用中国台湾制的 ACAIA 智能型电子秤，精准秤重至 0.1g。可防水，并具有蓝牙联机功能，可从手机 APP 上观察到浇水曲线等数据。

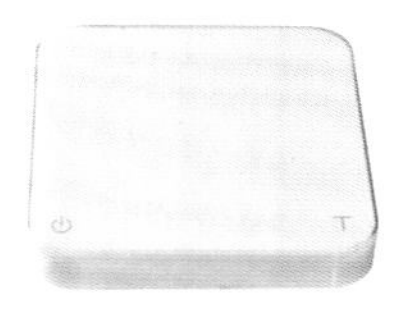

5 私家美食地图

下图为日本京都米其林二星餐厅主厨高木一雄来台举办讲座时的示范料理，视觉味觉都动人。品尝美食所带来的味觉启发，让陈志煌迸发出更多关于咖啡的想法。

陈志煌／摄影

The Most Important

陈志煌最厉害的秘密武器——Maggie

这不是玩笑，从大学时代就认识的两人，一起玩咖啡、一起创业、一起成立 Fika Fika Cafe、一起走过每个挑战。陈志煌说自己会跟 Maggie 讨论所有的味道与香气，如果 Maggie 不在身边，他就像少了一半的味蕾。

QUESTIONS & ANSWERS

陈志煌

给咖啡魂的备忘录

Q 觉得什么样的人适合做咖啡？

A 我认为“烘焙师”必须是喜欢美食的人，烘焙其实就是做菜，烘焙师就跟厨师一样，所以你会发现全世界最好的烘焙师几乎都是美食家。我也带吴则霖去品尝 RAW 等餐厅，我跟他说这样会对你的比赛有帮助。我认为品尝美食对咖啡会有很多的启发，咖啡就是食物，道理是相通的。

Q 做咖啡这么多过程，最喜欢哪一个阶段？

A 我是烘焙师，当然最喜欢烘焙的过程。我觉得烘焙有趣又神秘，像施魔法、变魔术一样，只要 9 ～ 18 分钟，就可以把本来不具香气、有点草味的绿色生豆，转变为香气丰富浓郁的深色咖啡豆，然后又可做成饮料，这一切都要靠烘焙。

Q 平常休闲时都做什么事？

A 和 Maggie 一起找美食、吃美食、下厨。我做牛排很厉害，还练过炒饭、蛋包饭，也在杂志上发表过葱油拌面的做法。找美食品尝，对我们是很大的消遣，但不是吃完就算了，我们会当场拍照、讨论，这味道是怎么来的，怎么做会更好吃，回家后再记录下来。我们连做菜都会研究到最精准，不是为了吃而已，未来目标是做一个专业厨房。

Q 除了自己的店外，最喜欢的咖啡馆是哪家？

A 位于西雅图的 Espresso Vivace，是我很敬佩的咖啡大师戴维·舒曼（David C · Schomer）开的，是家排队名店，也是我的启蒙店。早上 6 点就开始营业，一早就有人排队，我觉得这样很棒，上学、上班前来杯好咖啡，再开始一天的生活。整个店明亮充满阳光，美式的随和风格，亲切的服务人员，人们走进来很放松、没有拘束感，咖啡也很好喝，这是我心中未来想要开的咖啡馆的样子。

烘焙有趣又神秘，

像施魔法、变魔术一样，只要 9 ～ 18 分钟，

就可以把本来不具香气、有点草味的绿色生豆，

转变为香气丰富、浓郁的深色咖啡豆。

—— 陈志煌

04

王诗如

Lulu Wang

以咖啡为画布的烘豆师

“单品豆是在反映农民的辛苦与当地风土，配方豆则是烘豆师概念的呈现。我每年都会做不同主题的配方豆，那是种创作，也是种掏心。”

冯忠恬 / 文　曾怀慧 / 摄影

BE KNOWN FOR……

个性低调、朴实，不常在国内咖啡圈游走，却是业内谈到烘豆时一定会提起的人。在还不时兴考证照的 2005 年，独自跑到美国上课，在中国台湾与世界各地举办杯测比赛超过 10 次，有国际观、很懂风味，开咖啡馆、跑产地进口生豆、举办比赛、担任评审，目前为杰恩咖啡与 OLULU 的老板。

咖啡资历
Seniority

15 年

经历

- 2003 年，接手家里食品原料批发生意
- 2004 年，进入咖啡行业
- 2005 年，开始去美国学习咖啡相关课程
- 2011 年，获全美精品咖啡年会个人配方烘豆赛世界亚军
- 2014 年，OLULU 咖啡馆开业
- 2014 年，任世界杯测冠军刘邦禹的教练

咖啡，就是做对的事

中国台湾的咖啡界，女性不多，但若提起有国际视野的咖啡人，王诗如一定是不能忽略的一位。

不常接受采访，一个礼拜很少连续几天睡在同一个地方，光 2016 年上半年就出国 8 次，即使在中国台湾也总是南来北往的王诗如说："我最近正在策划一本和全世界烘豆师合作的书，每个人用不同观点来谈烘豆与咖啡。"

超有行动力的她，怎么会开始接触咖啡呢？王诗如诚实地说："我不是因为喜欢咖啡才接触这个行业，很幸运的，是这个行业选择了我。"

烘得和外面一样就卖

2003 年，王诗如回家帮忙食品原料批发生意。对她来说，批发就是跟别人拿货，转手再卖出去，虽然手中品项多元，却没有一样是自己的产品。

正在寻觅方向的她，举凡中餐、烘焙、调酒等证照都考过，2003 年的一趟日本之行，看到很

1. 好咖啡不怕巷子深，位于苗栗，一个星期只开 3 天的 OLULU，总是门庭若市。

多咖啡馆插着“自家烘焙”旗子，一进去香气迷人，而中国台湾刚好没有这样的店，王诗如想着这可能是个机会。一回台湾，她便买了烘豆机来试。

“我没有经历过玩家阶段，直接买大机器来烘。”王诗如笑着说。当时中国台湾的牛排馆附餐都会有杯咖啡，王诗如家里也做熟豆批发生意，她便去问哪里有生豆，买到便丢进烘豆机里，看到颜色差不多就取出。“我那时觉得只要我烘的东西跟我卖的熟豆差不多，我也就卖了。”一副初生牛犊不怕虎的姿态。

“反正烘不好就丢掉，也有不懂安全用火，结果整个眉毛都烧掉的时候。”慢慢地，王诗如就烘出一些虽然和她卖的熟豆不同，自己却觉得好喝的味道。为了想要知道什么是咖啡好风味，她先到意大利喝一轮，发现意大利的风味跟她烘出来的类似，却与她在中国台湾批发卖的不同。意大利不少咖啡馆墙上都挂有美国课程认证，回国后她便上网查了资料，然后跑到美国上课。

2. 个性冷静的王诗如，说起咖啡好玩的事，像个孩子，眼神发亮。

3. OLULU 的冰滴咖啡，附有贴心纸卷说明制作过程。

当所有课程都开始串成一张证书时

连续几年的美国行，是王诗如很重要的品味养成期。那时没有现在的证书风气，都是单堂的课，有的教感官技巧，有的教烘豆，还有一些即使现在看来还是很酷的课，比如会请学者和庄园主一同来讲不同品种和咖啡风味的关系、邀请糖公司老板讲他做的各种实验，还有中南美洲的咖农分享不同批次咖啡豆的风味差异……“那时上课很享受，纵然讲课者不是 Q grader 都可以当老师，他们会根据每个人的专长开课。”那什么时候开始停止上课的呢？王诗如说：“当所有课程都被串起来成为一张张的证书时。”

当有了考试目的，课程的规划更细致，却也更封闭。只要跟考试无关的都乏人问津，最后那些王诗如口中多元好玩的课，只出现在高阶且费用高昂的演讲里。

回想那几年的上课历程，没有及格或不及格问题，即使起初英文不好，得特别跟老师要幻灯片，录音回家拼命查单字，还是乐此不疲。王诗如说：“有堂课，我连续上 3 年，到第 3 年我真的就全部听懂了！花那么多时间听不同的人在说同一件事，又没

OLULU的果酱、松饼粉都是王诗如自己研发调配的。

有目的性，收获很大。”

你可以烘出豆子最好的风味，也可以把它用到最多的用途

连续 5 年跑产区，王诗如面对咖啡更谦卑。她说，以前觉得烘豆师是创造风味，后来觉得烘豆没那么伟大，他不过是一个传递者。生豆的空间这么大，烘豆师选择了某一块强化，可能是杯测分数最高的，或市场上最喜欢的，而冲煮就是在烘豆的框架里再去选择一次。

对咖农来说，你把咖啡做得好喝，他会说你好厉害，但如果可以把它推广到其他的地方，他也会觉得很开心。因此，王诗如不以追求极致的精品咖啡为目标，相反地，她说：“去产区让我改变很多，你更能理解所有的欲望都是牺牲大自然而来的，就连精品咖啡也是。世上每颗果实都不同，你喝到最好的，那次级的到哪里去了？”她现在选择庄园，环境必须友善，即使是名庄园主、风味特佳，在她检视过土质、排水不过关时，仍然不会下单购买。

“以前觉得风味非常重要，现在知道，只要一环一环把关，就可以做到大家认可的好风味了。我希望我选择的庄园能跟我一样，不用太刻意的方式，把味道做出来。”

她从不觉得一定要喝黑咖啡，在她一周只开 3 天的 OLULU 里，如果点深焙冰滴咖啡，还会附上糖水跟牛奶。王诗如说：“这些都是原料，应该要让它更贴近生活。”单喝好喝的咖啡，不需要破坏它，有些豆子加调味好喝，那为什么不去尝试风味上的多种可能？

虽然现在单品浅焙当道，王诗如还是会烘出一支豆子的不同面向，而不只是浅焙。“咖啡其实就是生活，牛肉面跟卤肉饭也是各有所爱，我们要尊重很多人，只要不提供不好的东西就好了。”她爽朗地说。

比赛是休息，烘豆是创作

说起话来深思熟虑，总说自己个性冷静的王诗

以手冲咖啡机萃取的夏威夷可那（Kona）。

如，讲起比赛，却露出了孩子般的俏皮：“我很喜欢比赛，比赛是一种休闲，不然每天都做一样的事多无聊。比赛可以转换心情，我没有特别的包袱，不比赛通常都是因为没空，太忙了。”

对王诗如而言，比赛就是一种乐趣。2011 年参加全美精品咖啡年会的烘豆比赛，也只是为了跟一位老师证明，用中国台湾制造的机器也可以烘出好豆子。那时她在美国上课，老师问：“你用什么机器烘？”那时她用的是中国台湾的慈霖，老师听到后马上回复：“一定很便宜吧！”这激起了王诗如的斗志，她想要证明，即使是用中国台湾的机器，也可以烘出好豆子，结果一举获得世界亚军。

“后来我再碰到那位老师时，我跟他提起，结果他完全忘了。我才学到一件事，别人伤你，他是不会记得的，其实是自己不放过自己，后来我也就越来越乐观。”王诗如舒心地说。

虽说是产业选择了她，但王诗如却越做越开心自在，不但每年都会烘焙专属于当年情绪状态的独特配方豆，还参加世界杯测比赛、担任教练与评审、和全世界的咖啡人互动交流。她的咖啡事业，一切都还是回归到做咖啡的原点——烘豆上。“我觉得自己很有烘豆师的个性。为什么要参加冲煮比赛？因为我想要逼迫自己更能对应烘豆跟冲煮间的连接性。训练选手去比调酒，是因为我觉得它是调味，咖啡应该要更市场化一点。举办杯测比赛，也是因为如果你喝不出来，那也就烘不出来、冲不出来了。”王诗如说。

总是东奔西跑的她，很想把中国台湾的咖啡文化带到全世界。从她的眼神里你知道，她不那么在意外在的光环，不管是比赛或做豆子，都只是在做对的事，对自己有个交代。

Special Skills
烘豆

王诗如的烘豆哲学

每次烘豆前，王诗如会先去想象这支豆子产区的风土味，她要做到什么样的程度。试烘时，会烘得比想象的更深一点，去尝试是否有更好的风味出现。她总说，每次的烘豆都是一个选择，你可以把这支豆子做到杯测分数最高，也可以把这支豆子做到最讨喜普及。她不独尊哪一种，而是依照需求与豆子本质，做出不同的曲线。

1. 维持在 16°C的生豆储豆间。
2. 找豆、闻豆、杯测，是王诗如最常做的事。
3. 试烘洪都拉斯的豆子。
4. 试烘时，烘到了预先设定好的风味后，王诗如还会试着烘深一点，找找看有没有其他没有想到的味道。

我的配方豆
想念

假如说单品豆是在反映风土与咖农的辛苦，那配方豆就是烘豆师概念的呈现。每年王诗如都会做不同情绪主题的配方豆，那就像是一种发自内心，以咖啡为画布的创作。

这支是几年前王诗如调配的“想念”。那时她一共做了“想念”“都对也都错”两种配方豆。刚开始喝“想念”时，气味飞扬，之后会越来越沉淀，最后会带着一点点的忧郁。王诗如说：“这就是想念一个人的味道。”

5. 10 分 06 秒下豆。

6. 杯测味道，可以回馈给咖农。

QUESTIONS & ANSWERS

王诗如

给咖啡魂的备忘录

Q 大家都想往都市走，为什么会把 OLULU 开在苗栗？

A 当初开这家咖啡馆的用意，是因为我觉得好的东西，总会有人看到，即便是在苗栗。关键在于，你的东西本身，还有你对商业的概念。开了咖啡馆以后发现，只要是对的方向，不管在哪里，都会受到顾客的青睐。

另一个用意是对我自己跟整个团队的训练。作为烘豆师，通常只能用杯测来确认风味，如果有冲煮，整个团队会更有概念，更能马上去追溯咖啡的变化，所有人将不会只看到豆子，而是可以对整个产业链更了解。当然，还因为这里离大家的家很近。

Q 会给想要入行的人什么建议？

A 做对的事情。很多人会问什么是对的事情？做起来有没有越来越开心是一个指标，如果你没有在对的路上，没有在趋势里，做越久会越累。

也许有些人觉得咖啡很好赚钱，事实上不是咖啡好赚，是商业模式好赚。比如星巴克，它是抓到对的商业模式，赚钱的是商业模式而不是咖啡。像我们属于狂热分子、傻子，我们追求的是质量，商业模式和质量之间会有挣扎，这支豆子要留要丢？这杯饮品要出还是不出？到底是要用自然的东西还是调味的东西？这都是一个选择。

Q 所以找到好的商业模式了？

A 我做咖啡十多年，从星巴克、丹堤、8 元好咖啡、city café，中国台湾的咖啡市场蓬勃发展，我是这波浪潮的受益者，现在进来的人真的比较辛苦。

当整个咖啡的“量”大起来，大家培养出喝咖啡的习惯，才能比较出“质”的不同。

至于大家开始注意新鲜烘焙这一块，应该是 CAMA 兴起的时候。起初中国台湾的自烘咖啡馆还没那么多，人家说你跟 CAMA 有什么不同？我花 10 元就可以喝到自烘好咖啡，原先不做自烘的也开始烘焙了。自烘一多，风味上才会有更多的差异。

所有风潮，都是从“量”开始，而不是苦守在金字塔顶端。“量”的基础让大家养成喝咖啡的习惯，这样我们做“质”的人，才有办法修正。

Q 很多人都在商业模式与做自己之间找平衡，你拿捏得很好，有什么可以分享的吗？

A 知道自己要的是什么，就不会埋怨了。如果一个老板要自己烘豆、站吧、服务，他可能没有时间去关注整个产业的模式与环境。我会跟他说，你其实只是在“分享自己”，而不是在开店。如果你是个会被许多人喜爱的人，你的获利空间就会大；相反地，如果你不容易被大众喜爱，你的获利空间就小。每一次的选择、尝试都是一个课题。

我有一个想法，觉得只要做对的事情，不管怎么样，老天爷都会给你一个交代。如果没有给你交代，让你觉得受挫，那就是它觉得你还不到时候。我做咖啡就是在失败跟继续中，不断推翻自己再尝试。

可以分享一件事。我问过世界上得奖的资

深烘豆师们，什么叫做一杯好咖啡？后来发现大家的回答都差不多：一杯干净，没有负担，可以让你喝很久的咖啡，就这么简单！不管它的焙度、品种，只要能够让人轻松喝下去就好，即使只是一杯拿铁。不过，这其实很不容易。

Q 除了自己的店以外，还有其他喜欢的咖啡馆吗？

A 最常去咖啡叶，一起讨论咖啡想法。店里轻松的气氛搭上咖啡或甜点，让我可以静下心来放空。

王诗如的咖啡秘密武器

1

杯测的专属汤匙，用了好多年。这个汤匙的弧度刚刚好。

2

买第一台 Loring 机器时送的取样棒，现在还一直留在王诗如的身边。

3

以意式浓缩咖啡为染料，咖啡师朋友帮王诗如画的画像。闻咖啡豆是王诗如经常做的事情之一。

4

去英国二手市场买的，1840年的古董咖啡壶，是 OLULU 墙上的镇店之宝之一。

烘豆对我来说，就像是生产者跟消费者之间的一座桥梁，当我做得越好，就表示这些生产者们越受欢迎，蛮好的。

——王诗如

05

赖昱权

Jacky Lai

烘焙“南霸天”

“烘豆师是翻译，只能诠释这支豆子是要朴实一点还是华丽一点，翻译成大家可以听得懂的语言。人定难以胜天，我们永远都在扣分，扣得越少，得分越高。”

文 / 冯忠恬 摄影 / 陈家伟

BE KNOWN FOR……

以 WCE 烘豆冠军身份为大众熟知，拥有欧洲精品咖啡协会（SCAE）、美国精品咖啡协会（SCAA）等多项认证。精品咖啡馆“café 自然醒”用虹吸壶让咖啡慢慢自然醒；外带咖啡品牌“握咖啡”则是以好豆子配上手冲机器。觉得烘豆师就像翻译，要能诠释出豆子最好的风味。

咖啡资历
Seniority

17 年

经历

- 2001 年，进入咖啡行业
- 2011 年，到美国拜访精品咖啡大师 George Howell
- 2011 年，café 自然醒开业
- 2011 年，取得 Q Grader 国际咖啡杯测师认证
- 2013 年，外带咖啡品牌——握咖啡（OH!Cafe）开业
- 2014 年，获 WCE 世界烘豆大赛冠军
- 2015 年，担任卡契芬（COACHEF）品味总监
- 2015 年，出版《当命运要我成为狼》

咖啡是分享，来到店里，不会让客人只喝到一杯咖啡

走进赖昱权的第一家店 café 自然醒，画在黑板上的菜单，透出了手作的亲切质地，问他为什么不给客人纸质咖啡单，他开心得仿佛我们问了一个好问题："这样客人才会走动，旁边会站一个人解释，店员介绍时，附近的消费者都可以听得到，这就是一种沟通。"

1. 赖昱权爱用 KapoK 半热风式烘豆机。
2. 店内没有纸质咖啡单，出品全都写在黑板上，趁着客人走近时，刚好可以与其互动介绍。
3. 选一个安静角落，用咖啡来让自己慢慢自然醒。

2011 年开 café 自然醒的前 3 个月，赖昱权拿了先前在咖啡馆工作，积攒了三四年的 20 万存款，飞到美国波士顿，希望能拜访精品咖啡大师 George Howell。当时已在精品咖啡馆工作 4 年半的他，偶然在朋友的店里喝到 George Howell 的豆子，品尝到从未感受过的奔放风味，便决心要见他一面。

凭着一点憨胆与坚持，赖昱权跑到 Howell 的烘豆厂，不但如愿见到本人，还和大师一起杯测，听 Howell 分享对于咖啡的想法与哲学。正当他诧异于大师怎么会如此没架子时，Howell 告诉他：“咖啡不就是一种分享吗？”这奠定了赖昱权面对同业与消费者的态度：“无私让人敬重，分享使人受用。”

所以到 café 自然醒绝不会只喝到一杯咖啡，只要咖啡师有空，一定会煮小杯陆续端上来 。好咖啡有没有标准？拥有杯测师执照的赖昱权说：“当然有。”但那是考试或比赛用的，对消费者来说，一杯喝得舒服自在无负担，愿意再来一杯的就是好咖啡。他想通过与消费者的亲近，慢慢接合彼此对好咖啡的想象。

如果说 George Howell 是让赖昱权懂得分享的大师，之前在云林餐厅工作时的邱世宗老板，则是教他以不同角色经营咖啡馆的贵人。

22 岁的他，即负责在华山管理 80 多个座位的庭园餐厅。邱老板没有因为赖昱权的学生身份或太年轻而看轻他，反而给了他历练与发挥的机会。回想在华山的时候，赖昱权笑说：“那时真的是老人与狗，每天只有咖啡和钱钱（狗名）陪着我。”

后来的故事，我们就都知道了。其中，2011 年在咖啡好友 Mars 的陪伴下去香港考 Q（Q Grader，国际咖啡杯测师）是另一个关键点，那让赖昱权习得从种子到杯子的国际检测标准，同为当时考 Q 的同学，中国台湾咖啡研究室主持人林哲豪，后来更成为他在 2014 年准备世界烘豆大赛时互相沟通风味的教练。

“好不好喝不是书上说了算，如果你会杯测，就可以记录咖啡风味。我现在也可以做出像 George Howell 那样丰富的咖啡了，我请你喝一杯！”赖昱权充满自信地说。

Special Skills 烘豆

深焙不能苦，浅焙不能生

赖昱权的烘焙心法

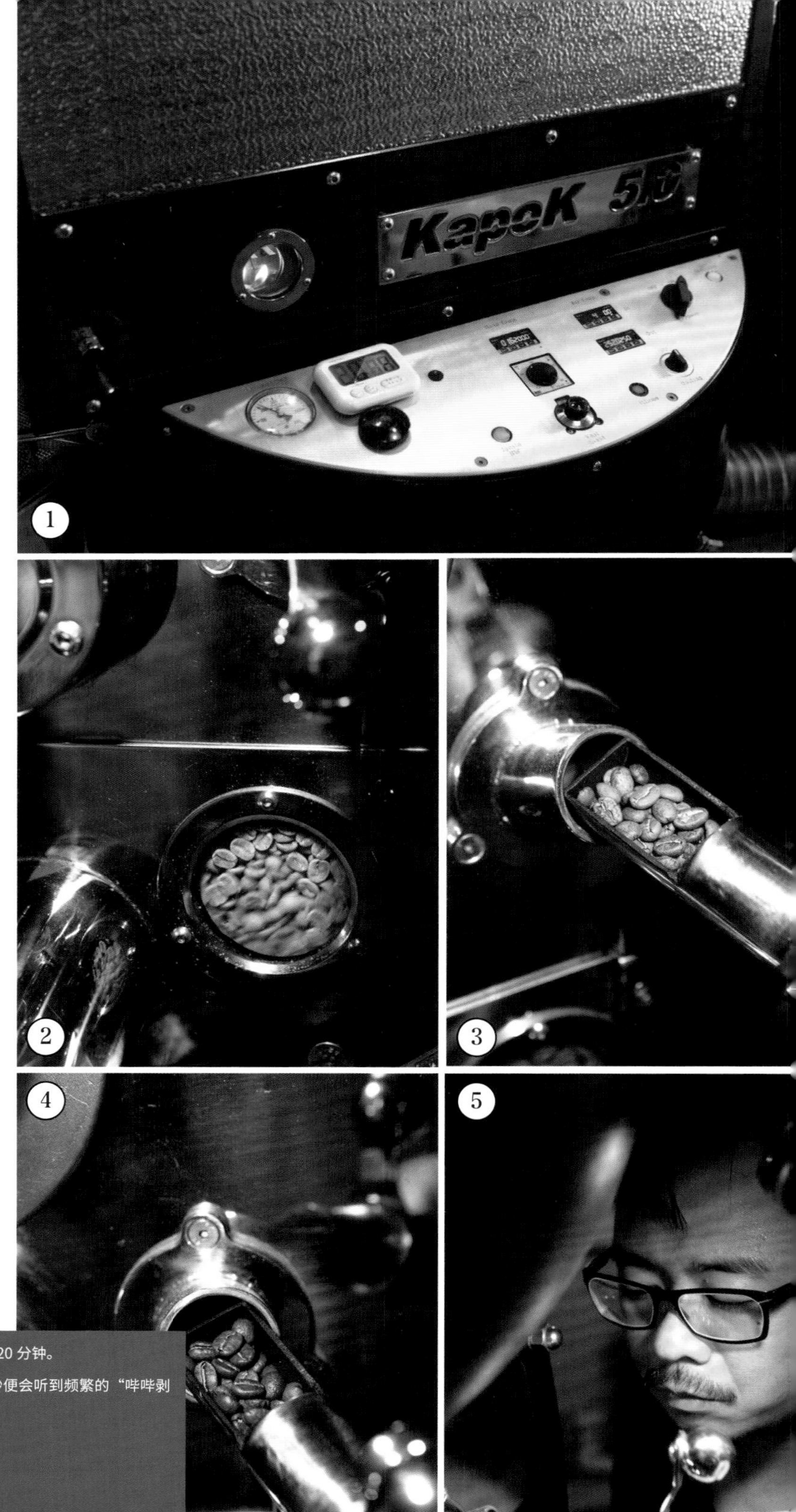

1. 半热风式的烘豆机，要先预热 20 分钟。
2. 一爆前的豆子还缩着，等 15 秒便会听到频繁的“哔哔剥剥”一爆声。
3. 一爆后的豆子舒展开来。
4. 闻香、确认豆子皱折等状况。
5. 决定是否下豆。

不到 3 平米的小小烘豆房，是赖昱权的烘焙基地。这 3 年来，他用的都是中国台湾制造的 Kapok 半热风式烘豆机，一旁还摆着零食乖乖，上面写着：“烘豆机乖乖工作，我会定期保养你的！”

只要没事，就会看到他挥汗如雨地在这里烘

豆子，不论春夏秋冬，甚至是40°C以上的高温。工作告一段落后，他喜欢带瓶啤酒，到前面的海边放空或钓鱼，那是日常，也是工作之余的快乐时光。

Point

深焙不能苦：若是焦化，植物碱会带出苦味，代表表面已经烫伤，需要控制温度比例。

浅焙不能生：虽然是浅焙，还是要找方法避免生味，要达到足以透豆的温度。风门的协调性要高，让风带进去的热能足以把心烘透。

高温催香，以浅中焙来表现水果浓缩味：一爆时温度在 200 °C，出风温控制在 230 ～ 250 °C，入风温将近 400°C。

烘豆有很多官方说法，像水分密度、处理法等，不过私底下我都会说，把豆子丢进去烘就知道了。如果要科学，有色彩仪、TDS 可以测口感，不过数值只是拿来验证用的，最重要的还是烘焙时的**闻香、观色、听声。**

6. 下豆！

7. 烘焙完成。

用虹吸，萃取浅焙前段的味道

café 自然醒是赖昱权的第一家店，也是他和客人沟通的重要平台。他将在这里品味咖啡的气氛设定为慢慢自然醒，用的是比较老派、沉稳又带点优雅的萃取方法——虹吸。

因担心滤布有味道，改用滤纸；也因为喜欢咖啡的酸甜感，当热水上升后，不久煮，3 秒移开火源，以提出浅焙豆子前段的味道，让整个口感明亮带有香气，却又不会太过浓郁。

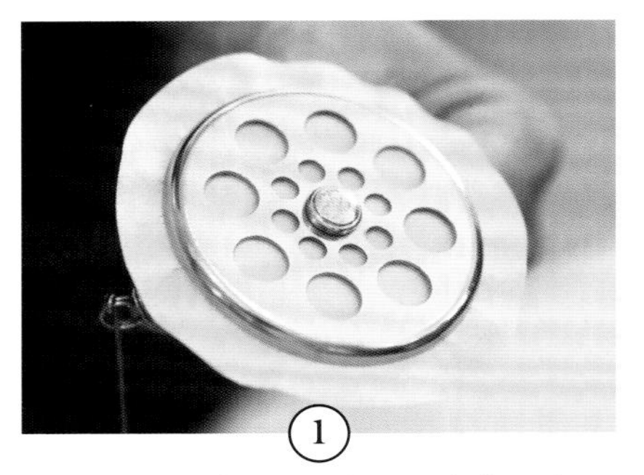

① 锁滤纸（因担心滤布有味道，改用滤纸）。

② 把滤纸装入上壶，固定钩下拉。

③ 下壶正煮着水，等待的同时，咖啡豆磨粉抹平倒入。

使用器具 虹吸壶

示范豆 危地马拉 中烘焙

研磨度 中到细研磨度

咖啡粉克数 25g

冲泡出的咖啡量 250ml

我对咖啡的味道不是喜欢，而是“迷恋”，如果碰到某个很喜欢的味道，我会想追味道，把它追出来。

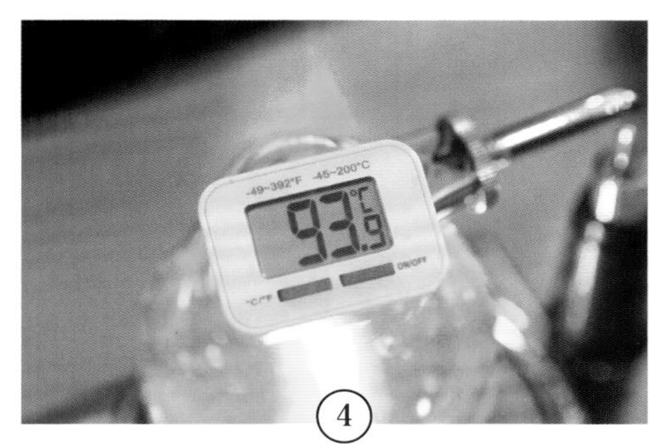

4

因希望可以提出浅焙豆子的酸甜感，要它前段的味道，将水煮到 92 ～ 94°C的高温。

5

上壶放入，让水慢慢升上来（可适时地将火旁移，让火力变小）。

6

当水慢慢上升，到咖啡粉差不多都被浸湿时，把火源移回正中央。

7

移回后数 3 秒——1、2、3。

8

把火再度移开，搅拌咖啡，以香气来判断萃取程度。

9

不以湿毛巾冷却下壶，而是让萃取好的咖啡温度自然下降。

Flavor

赖昱权谈风味

知道花椒有花香水果味吗？

如何形容一种味道？除了酸、甜、苦、涩等口感外，还有香气的表达。有些人会用虚无缥渺的词，比如，有没有喝到这支非洲豆在大草原上的味道？如果没有去过非洲草原的人怎么会知道那是什么味道？赖昱权喜欢用实在的比喻来形容，比如一支香蕉、一支刚摘下来还很硬的香蕉、一支青色的香蕉、一支青一点转黄的香蕉、一支完全黄没有黑点的香蕉、一支有黑点的香蕉、一支看起来就像黑色的香蕉、一支黑色香蕉放在车上闷一天的感觉，每支香蕉程度不同，用来形容风味就会很丰富。

形容风味要感受生活、拆解味道。赖昱权常做实验，让大家不用眼睛看而是直接闻花椒的味道，结果很多人都说它有花香，有陈皮、柑橘味，甚至是干燥花的味道（还有人说过有熏衣草味）。说到花椒，我们往往只想到麻辣锅里的麻味，其实它的花香水果味很重，耶加雪菲里就有花椒味。下次可以试着拆解味道，会有很不一样的发现。

10

上桌时，会放入瓷杯与玻璃杯，让消费者闻香，且得以享受不同温度下的咖啡风味。

Tip 萃取

虹吸不煮，只稍微浸泡，3 秒就离开火源，整个萃取过程短，以提出豆子前段的酸甜感。

Secret Weapon
器具

赖昱权的咖啡秘密武器

十几年的咖啡路，有苦有泪，如今收获丰硕。赖昱权说：“我的初衷不是静态，而是动态的方向，那就是做坚持的事，继续往前。”

1 2014WCE 世界烘豆大赛烘焙豆

赖昱权特意把当年比赛时烘的豆子带回来，留作纪念，也不忘记当时自己的坚持。

2 烘豆机

2013 年赖昱权遇到了 Kapok 老板林正宗。高雄人的他，不但将品牌名以高雄市花木棉花的英文命名，还将达悟族图腾的战士帽、滑桨等象征用在烘豆机的设计上。目前赖昱权用的是 Kapok 5.0。

3 2014WCE 世界烘豆大赛冠军奖杯

奖杯就像是一个自我提醒，每次赖昱权看到时，都觉得不能对不起相信他的人。

4 《当命运要我成为狼》

从在咖啡馆打工、成立 café 自然醒和握咖啡、获得烘豆冠军的过程，13 年的咖啡经历，全部都在这本书里了。

QUESTIONS & ANSWERS

赖昱权

给咖啡魂的备忘录

Q 没有地缘关系的你，为什么会选在高雄开店？

A 我是宜兰人，不过宜兰人少，台北成本又太高，而高雄是中国台湾人口第二多的城市。以前在精品咖啡馆帮老板经营时，我明白开店有两件重要的事：一是人流，二是交通，所以我把店选在人多店租又不至于太贵的高雄。

那时选店址我只有 3 个条件：捷运站走路 5 分钟以内、有停车场、大马路转角的第一家店，后来就如愿找到了目前这个店面，很快就决定盘下来。

Q 会给想要入行者什么样的建议吗？

A 可以去考 Q（Q Grader，国际咖啡杯测师），Q 可以领你进入咖啡风味。

杯测是一种咖啡的专属语言，以此搭起全世界沟通的桥梁。我常想，因为我当时已经是杯测师了，知道评审口味，参加烘豆大赛时也比较知道什么味道会跳出来，这对选豆或比赛都很有帮助。

杯测师的组织在美国，但全球统一标准，我特意到香港上课、考试，就是希望听听其他国家的人是怎么陈述咖啡的。开店很简单，经营却很困难，如果咖啡卖不出去，可能连房租都付不出来。有不少朋友都想创业开咖啡馆，我都会把许多困难先讲出来，拉住他们冲动的创业路，讲直白一点就是不要乱开咖啡馆！

Q 觉得什么样的人适合做咖啡？

A 对咖啡的味道不是喜欢，而是迷恋，碰到某个很喜欢的味道，我会想追味道，把它追出来，原来咖啡可以表达这么好的风味。

中国台湾是全世界烘咖啡豆密度最高的地区之一，我们有两三千家自烘咖啡馆，每个人都想找到自己的特色、表现的想法，60 ～ 80 分很简单，80 ～ 90 分很难，90 ～ 95 分是要人命的。做咖啡的人都是浪漫的傻子。

Q 做咖啡这么多过程，最喜欢哪一个过程？

A 烘豆是最有趣的。我觉得烘豆就像翻译，不过最痛苦的是，同一支豆子，为什么别人翻得出来我翻不出来。我喜欢细节的变化，观察成果。尤其像我们现在提供豆子，其实是担负着别人店里的营运。

Q 除了自己的店之外，喜欢的咖啡馆还有哪家？

A 2010 年，我从美国东岸的波士顿喝到西岸的西雅图，再到加拿大的温哥华，一个月内，喝了四十几家咖啡馆。我很喜欢曼哈顿的 stumptown，里面的咖啡师戴个帽子，帅气自信、专业十足，整个服务自然舒服，带点英国古典绅士的感觉。

另外，当初带我去考 Q 的好朋友 Mars 的新店——Artigiano 也很棒。在网络上卖了十几年自己烘的豆子的他，终于在高雄有了家自己的店。

我对味道有迷恋，

我会去追味道，把它追出来。

—— 赖昱权

何坤林

Kun-Lin Ho

陶锅手烘高手

“用机器烘焙，一爆二爆的声音很清楚，以陶锅手烘，豆子与陶锅一同慢慢升温，是不太听得到声音的。梅纳到焦糖反应那一段如果没有转好，咖啡喝起来会有前无后，一旦转到味，可能只是 30 秒到 1 分钟的差距，很细腻的点。手工烘焙从头到尾清清楚楚，真实赤裸。”

文 / 冯忠恬 摄影 / 林志潭

BE KNOWN FOR……

17 岁在咖啡馆打工后，就再也没有离开过咖啡。20 世纪 90 年代到绿岛开设岛上唯一的一家咖啡馆——咖啡何，旺季忙碌，淡季研究咖啡，7 年时间让他累积大量养分。也就是在这个时候，喝到人生中最好喝的咖啡——以陶锅烘焙。于是一头钻进手工烘焙之路，至今已十多年，为中国台湾咖啡界陶锅烘焙传奇人物。

咖啡资历
Seniority

32 年

经历

- 1999 年，在绿岛开设咖啡何
- 2007 年秋，回到台中艺术家朋友的院子烘咖啡
- 2008 年，枫树十三开业
- 2015 年，溪边十三开业

不要以为用机器可以找到答案

寻找十三咖啡，是一个辛苦的旅程。首先，你会迷路（请别在谷歌地图里输入地址，而要直接打上“十三咖啡”）。其次，门口的门牌写着“没有点单”，会让你稍稍思考一下。如果你还敢走进来，迎面而来的会是一个随着不同时间点而有美丽光影的自在空间，以及一杯又一杯的温柔咖啡。

说温柔一点也不为过，看起来很有态度的何坤林和伙伴小陶，个性细腻体贴，他们会记住你爱喝的味道，帮你留意。这里没有咖啡单，不卖轻食、甜点，只有陶锅手烘的单品，每隔一阵子他们会用虹吸把煮好的咖啡送上，玻璃杯里的咖啡透明清澈，最后再依杯数结账。

1. 没有招牌，无需咖啡单，只要走进这扇门，便有美味温柔的咖啡端上。

每个礼拜，这里会有 12 ～ 15 支咖啡豆，每天来，都有机会喝到不同风味，这意味着，一个月何坤林会经手近 60 款不同的咖啡豆。除了周末，他每天都以陶锅手烘。手烘不似机器，预热好后把豆子放入，以取样棒闻香观色；手工烘焙是直接赤裸地面对豆子，搅动着它、看着它、闻着它，由青绿色生豆转为褐色熟豆。如果用机器烘豆顶多十几分钟，用手工何坤林得花上两个半小时。

为什么要用陶锅手烘

以陶锅手烘不只是喜欢人文温度的浪漫情怀，还蕴含着对科学的追求与味道的看法。所有的故事，都要从何坤林从艺术家朋友手中拿到的一只生活陶开始……

2004 年，何坤林还在绿岛卖咖啡。有次趁着冬天淡季回台中老家，和哥哥的艺术家朋友聊天，艺术家聊到他做的生活陶可以烤土司、煎牛排等以直火干烧。一听到干烧，何坤林马上想到咖啡，便带了一只小圆盘回绿岛，每次烘 150g，慢慢试、慢慢玩：“我喝到最好喝的咖啡就是那个时候！”他发现陶锅可以烘出机器没有的味道。为了实验，他曾经拿同一支豆子用德国机器、日本机器、美国机器、陶锅来烘，以色票为基准，每支都烘到同一种颜色，最后发现陶锅的风味最温润顺滑。

“我们都在找答案，但有时候会不会用错了方法？”以前都是以机器烘焙的何坤林，发现以陶

锅手烘可以提取出豆子的独特风味，便开始往下钻研。“也就是从那时候开始，我就知道自己不做量了。”何坤林笃定地说。因此当一般烘豆师为了追求效率，烘豆机越换越大时，何坤林坚持以陶锅手捻，每次1.2kg，以两个多小时的陪伴，换取豆子的最佳风味。

“咖啡豆很活，只要你表现到位，该给你的它都会给你。”何坤林喝上一口咖啡微笑着说。而多年来与豆子的坦诚相见，让他几乎可以用“直觉”来烘豆。有点像是农夫只要走到田里，就知道本季收成好不好。他只要一下豆子，根据木柄搅拌的感觉、听豆子的声音、闻气味，不用等最终结果，大概就能猜到味道了。

咖啡是生活！以手烘表现个人特色

几乎每天烘豆，一年要试上百支豆子的何坤林，每半年会举办一次分享会，分享自己找到什么样的冷门豆或特殊风味。而十三咖啡的烘豆哲学也开枝散叶，新竹的“边境十三”和台南的“南十三”咖啡馆也都有稳定客群。

虽然师出同门，但每个人都很有自己的特色。边境十三浪漫潇洒、南十三甜感较重，何坤林香气奔放，伙伴小陶内敛温柔。

2. 何坤林说：“虹吸可以把优点和缺点都极大化，和陶锅手烘一样，很赤裸真实。”
3～4. 十三咖啡的室内外都有许多角落，选一处喜欢之地，享受咖啡与生活。

做咖啡就像做人，陶锅文火烘焙，每个人都有自己的样子，于此便展现在对火候与下豆的时间拿捏上。“你看，像我现在用这个火，如果是小陶的话，到这个阶段他会把火转小，慢慢烘。”何坤林仔细地示范着。

面对着坊间各种烘焙与冲泡数据，何坤林的陶锅烘焙虽已累积一套足以教学的经验值，但他不想成为另一种数字版本。做咖啡是一种耳濡目染，每个跟他学习的人，他当然会提供基本的参考值，但他更强调的是你能不能扎扎实实地赏玩不同的豆子？认不认识生豆？可不可以还原植物本身该酸、微甘、微苦的滋味，仔细地去判读它。

对何坤林而言，开咖啡馆不是每天转开钥匙，开门营业，他每天早上起床做的第一件事，就是站在小木屋里，替自己煮杯咖啡。何坤林坚持“每天一定要为自己煮一杯，不是为客人或家人，就只是为自己”。

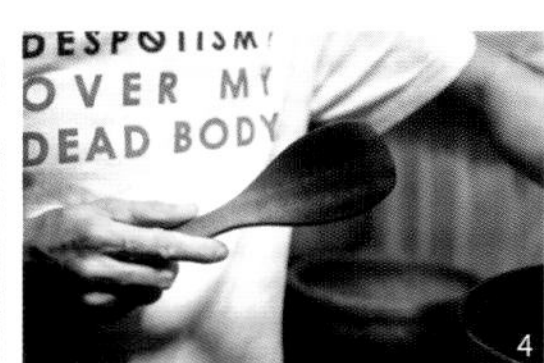

1. 何坤林的烘焙工作室，烘豆时，一站就是几小时。
2. 陶锅手烘完，会把焙好的豆子倒入竹筛，拿到户外抖落银皮。
3. 不像机器烘焙用金属，可直火干烧的陶锅是何坤林烘焙时的好帮手。
4. 手工削制的木勺，烘焙时需垂直拿取，随着时间推移会越用越短。

不同的时间点到十三咖啡，会有不同的光影变化。

30 年来，他每天都花很多时间和咖啡相处，但生活里又不只有咖啡，他也谈美学、聊音乐，身边还有搞建筑、做设计、当导演的各式朋友，不时，十三咖啡也会有音乐表演。

“如果一个人的生命里只有咖啡，你会不会觉得闷闷的？”何坤林笑着反问，而十三咖啡则完全反映了他的生活与价值观：陶锅烘焙、整栋房子以报废的课桌椅拼贴手工盖起，和伙伴们一起亲手打造的桌椅 / 吧台、大小不一的窗框、窗或门，让光线错落挥洒，自在有个性。

还有一进门闻到的花香，一坐下就端上来的第一杯冰酿，何坤林与小陶对咖啡风味的诠释：“咖啡是生活，不要把它当成一门学问来研究。”他自在地说着，然后倒了一杯玻利维亚给我，“我从你刚刚喝那几杯的反应就知道你喜欢它。”

在现在这个社会里，何坤林的少量哲学看起来特立独行。有人说他批判，我却觉得他是以无比诚实的温柔做自己。陶锅单品入口的温润、喝完许久后杯底遗留下来的香气、观察你喜欢的口味，都是他的温柔。

平常日的下午，客人络绎不绝， 许多人都愿意来到很难抵达的这里，感受一杯来自于生活的咖啡。

Special Skills
萃取

何坤林的咖啡生活冲泡哲学

觉得咖啡是耳濡目染的何坤林，不太谈咖啡的冲煮，即使是女儿要学，他也只是简单地告诉她重点（最要紧的是小心烫手），接着就让孩子自己摸索。他总说要学煮咖啡，网络上好多资源，每个人都可以去找方法。面对着传统的上对下的教育模式，何坤林说：“我喜欢自然而然、生活面的东西，在家里常常喝、玩不同的豆子，这样才真实。”

1. 在店内，何坤林以虹吸萃取咖啡，他觉得虹吸可以较完整地表现咖啡豆的丰富度。
2. 许多客人都喜欢坐在吧台，那是种享受。
3. 每天起床第一件事就是帮自己煮杯咖啡。
4. 冲煮好的咖啡就装在玻璃杯里，客人可任选一喜欢的角落品饮。

1

Point

总觉得面对咖啡要诚实的何坤林，喜欢以虹吸来萃取咖啡。虽然现在手冲当道，但对于自己豆子很有信心的他，总觉得虹吸最能表现出豆子丰富的原色本味。

虹吸：以虹吸萃取是一种两极，如果豆子烘焙到味，可以丰富它的味道，但如果烘焙处理不好，也会放大它的缺点。虹吸可以把优点和缺点都最大化，是很赤裸的事。

手冲：手冲可以透过手法来掩盖缺点，如果豆子做不到位，好的冲泡师可能还是可以冲出一杯不错的咖啡。但如果是好豆子的话，手冲的好也只能到一个程度，无法做出虹吸在味道上的丰富度。

Secret Weapon 何坤林的咖啡秘密武器

每天早上的第一杯咖啡，就是用这款Alessi完成的。

十三咖啡每年都会制作专属于自己的杯子。

烘焙用的木勺会越用越短，这几支都用了近10年。

何坤林有150g、500g和1.2kg的陶锅，当时在绿岛尝试烘焙时，用的便是150g容量的陶锅。

烘好冷却的豆子，刚好装入专属罐里。会特意去找深色罐子来保存咖啡豆。

陶锅手焙咖啡

听何坤林形容咖啡很有意思，他不是给如花香、焦糖、可可味等形容词，而是会给你一个情境，比如他会问：有闻到吐司周边快烤好的味道吗？提到苏门达腊的豆子，他会说像阿嬷的腌瓜，不过冷掉后又会有桂圆的味道。对他来说，豆子的味道都是概略性的，要从生活里去找，才容易产生联结。

使用器具

1.2kg，可直火干烧的陶锅与手工削制的木勺。

人的双手具有机械无法取代的温度，咖啡是自己与知己的对话。

FIRST STAGE 初烘	让豆子脱水

①

很幸运，今天炒焙的是全世界最小的咖啡豆——小摩卡。生豆闻起来带点红枣的甜味。

②

把豆子倒入陶锅，以双手为轴，用木勺垂直搅拌。此时豆子内含水分，搅动起来一点也不轻松。

③ 以中火持续翻搅，途中会感觉豆子越来越轻巧（水分脱除），约 27 分钟即可起锅。

④ 把起锅好的豆子放入竹筛，拿到户外将银皮抖落。

⑤ 静置冷却一晚，可利用此时挑豆，把空包弹挑出。

SECOND STAGE 第二次烘焙 | 将豆子定调

⑥ 把昨天初焙好的豆子放入陶锅内，垂直搅动。

⑦ 随时闻香、观色，以火候、搅拌速度与下豆的时间控制香气风味。

⑧ 通常一站就是1.5～2小时。

⑨ 将焙好的豆子倒入竹筛，再拿到户外抖落银皮，并做最后一次挑豆，冷却后即可装罐。

1

不像一般机器烘焙，常温豆放入预热好的机器受热，会听到明显的一爆、二爆声。陶锅烘焙，豆子和锅体一同慢慢升温，水分逐渐脱解，通常有声音的都是因为空包弹。

2

烘焙时，梅纳到焦糖反应的那段很重要，一旦转到味，咖啡的前、中、后韵都会很漂亮。手工烘焙正是直接去感受自己要的那个细腻点，可能只是30秒到1分钟的差别。

3

第二次烘焙时，何坤林会先以中火搅拌，再转小火延长焦糖化的时间，最后起锅前转大火。

4

豆子的质量好不好，一下锅就知道。不好的豆子下锅加热会立刻“哔哔剥剥”响，尤其低于海拔1000m的豆子普遍密度不够，因此他都选择海拔1000m以上的咖啡豆。

5

何坤林几乎不养豆，以陶锅文火烘焙的咖啡豆，当天喝也不燥，非常利口，细腻温润。

6

因使用陶锅烘焙，何坤林还发现一个秘密，咖啡豆不能只看表面颜色，还要看磨成粉后里外颜色是否有别。烘不到位(表里颜色不一)的咖啡喝起来会浊浊的。陶锅因豆子和锅体一同慢慢受热，通常不会有这样的问题。

咖啡烘得好不好，看磨好的咖啡豆颜色是否一样是一个指标。

“以陶锅焙好的豆子，豆色均匀漂亮

豆子在初焙时因为脱水变轻，后来因为细胞壁被撑开后，沉重的手感又回来了。陶锅烘焙便是不断地在感受每一阶段豆子在颜色、重量与香气上的变化。”

QUESTIONS & ANSWERS

何坤林

给咖啡魂的备忘录

Q 觉得什么样的人适合做咖啡？

A 诚实且有应变能力，这两者很难两全。诚实的人应变能力通常不好，应变能力好的有时又不够诚实。这杯咖啡好不好？不能随波逐流，你自己觉得它好不好，要很真实赤裸地面对。希望每一个做咖啡的人，可以把焦点放在咖啡上，当你一拿出手，就是最有自信的咖啡，要有那种态度。

Q 会给想要入行的人什么样的建议？

A 尽量多喝，赤道两旁国家的豆子都要喝过一轮又一轮，喝得够多，才会有对照组。用机器烘完，再试试用其他的方式烘，不要只听别人说，要自己去找风味的最大值。当你喝过的咖啡越来越多时，会越来越有信心 。

Q 陶锅烘焙费时费心，之所以坚持，除了喜欢风味外，还想传达出什么信息吗？

A 我想告诉大家，咖啡的世界里还有另一种版本，当所有的烘焙都是用金属材质的器具时（金属导热快，陶锅是蓄热且慢慢升温的），我从不同的对照里，发现陶锅烘焙出的豆子最温润顺滑。我用陶锅找出我最喜欢的咖啡风味，十几年来一直是这样。当然我的陶锅烘焙也可以数值化、科学化，现在用红外线喷枪一喷，就可以测量每一阶段的炒焙温度，但我其实从退伍后就很少用温度计，我喜欢直接用眼睛、鼻子、手劲去观察和体验，水微滚冒小泡大概是几摄氏度，当出现糖炒栗子味道时是咖啡正在焦糖化。我想让大家耳濡目染，将其融入生活。

Q 如何在自我坚持与运营上找平衡？

A 37 岁时我就定调自己不做量，咖啡一旦被量绑住，就会有生产线的问题，会丧失一些东西。我追求的不是生意，而是想要去找全世界咖啡的各种风味，所以我会有一些特殊的豆子，老客人都知道来找我喝私房冷门豆，这里常给大家带来不同的惊喜。十三咖啡无法赚大钱，但作为一位咖啡工作者，我每天煮咖啡、洗杯子，可以让我过生活，又有很多好朋友，也帮一些喜欢我咖啡的客人每个月寄咖啡豆，咖啡是自己与知己的对话。

Q 现在有边境十三、南十三，怎么样才可以冠上十三的名开店？

A 要扛得住，不能溜走，也有很多原本说有兴趣，跑来跟我一起烘的人，后来还是走回机器烘焙的路。很多事都可以复制，但人不行，边境十三跟南十三都很有自己的特色，而且喝他们的咖啡就很像喝到他们的个性。

Q 对于咖啡品味的养成，除了咖啡本身外，还有其他的来源吗？

A 看美术展、听音乐、观察美的东西、去菜市场等，这些都是生活的养分，尤其菜市场，去感受、闻味道，会发现有些和咖啡真的很有关联。

咖啡豆是活的，只要你表现到位，

该给你的，它都会给你。

——何坤林

07

林哲豪

Krude Lin

精品咖啡杯测师

“身在咖啡业界，有自己完整的一套论述很重要。但身为教育顾问，我要告诉大家一件事情的不同方面。师者，传道授业解惑也。我却觉得最重要的事情是‘传惑’，抛出问题，让大家思考，为什么这件事情要这样做？脉络在哪里？”

文／冯忠恬 摄影／曾怀慧

BE KNOWN FOR……

从高中开始接触精品咖啡，园艺系毕业（目前亦在园艺所进修），2013年成立中国台湾咖啡研究室，举办国际咖啡论坛、产地旅行、生豆评鉴、SCAA认证课程、CQI认证课程、COE训练课程、发行咖啡杂志，专注从种子到杯子过程中对咖啡质量与市场透明度的提升，以思考整体咖啡产业未来为经营方针，不时担任中国台湾各咖啡比赛评审与国外烘豆比赛中国台湾选手教练，也是知名果酱品牌“在欉红”创办人与知名威士忌品饮者。

咖啡资历
Seniority

14年

经历

- 2005年，进入咖啡行业
- 2008年，成立“在欉红”，前5年跑遍全台各地水果产区
- 2013年，成立中国台湾咖啡研究室，和《中国台湾咖啡万岁》作者韩怀宗一同走遍全台咖啡产地
- 2014年，举办咖啡论坛
- 2016年，发行业内交流杂志《咖啡志》

和咖农合作，让中国台湾咖啡产生相应的价值

“终于见到传说中的‘小缫’了”。甫满 30 岁的他，深受不少咖啡人信赖。韩怀宗为撰写《中国台湾咖啡万岁》而跑遍各地咖啡庄园的过程中都有他的身影。他还出现在赖昱权勇夺世界烘豆大赛冠军、吴则霖获得世界咖啡师大赛冠军的现场。字号缫取的林哲豪是很多咖啡人背后的好朋友，他不是台面上的吧台手、烘豆师或拉花手，却是许多咖啡产业行家都认识的幕后活跃人物。

1

从“在欉红”到中国台湾咖啡研究室

高中开始到湛卢打工，开启他对精品咖啡的理解与钻研。在咖啡馆的两年，除了习得冲煮技术，也接触烘焙，对于味觉的开发也起于此时。“当时我在湛卢上班，下班后也常到湛卢喝咖啡。”在林哲豪的形容下，湛卢就像他生活里重要的学习与社交地，聚集一群咖啡玩家与职人，对专业或人脉的养成都很有帮助。

大学时跑去和伙伴创办果酱品牌——在欉红。创业前 5 年，林哲豪跑遍中国台湾各地果园，每年上万千米里程数，6 位数的油钱，他笑着说：“应该很少人看过这么多的田。”

杨儒门248农学市集第一批的摊位，“在欉红”是当时的亮点。2008 年，中国台湾还没有当地食材手工果酱风潮，想吃手工果酱几乎都得依赖进口。“在欉红”凭借着对中国台湾水果的信心与

1. 从咖啡、果酱到威士忌，不认识林哲豪就别说你在行业里。

专业的制作水平，成功替中国台湾农产品加值，带动后续以中国台湾水果做果酱的创业热潮，至今仍方兴未艾。

持续在喝咖啡的林哲豪，原本对中国台湾咖啡只有刻板印象，以为中国台湾咖啡价钱高昂且普遍质量不佳，直到 2012 年喝到新社原本种桃农民高衍勋先生改种的咖啡后，才完全改观。“我那时候不相信我喝到的咖啡，它有淡淡的桃子味与独特果香。我记得那支应该是蜜处理或日晒，处理手法很高明，如果再过一点就发酵过度，会有腐败水果味而不是酒香。可以做到这个环节，代表他在发酵上掌握了某种重要变因。”

2. 在欉红本铺，不只卖果酱、甜点、冰淇淋，也卖中国台湾咖啡。

3. 中国台湾咖啡研究室一角，内有林哲豪参加中国台湾咖啡活动的感谢状。

园艺系毕业加上走访多年的产地经验，让林哲豪相信，农产品除了先天外，还有机会借由品种改善、种植技术调整等人为努力让它不一样，中国台湾说不定还有很多像高先生种得一样好的咖啡，他决定去寻找答案。

这么一找，又是几年的上山下海，尤其中国台湾的咖啡许多都种植在高海拔之地。找味道的过程中，挖到不少宝，比如他说：“邹筑园的日晒豆很厉害，哈密瓜的味道好惊人！”但他也看到了咖农的困境，除了少数懂得精品咖啡市场，持续在质量上精进外，大部分的中国台湾咖啡都定位在地方特色、观光伴手礼，咖啡卖得贵、卖得好和质量无关，而是和经营者有无业务能力有关。

"这其实正是产地和消费端的落差。"林哲豪说。咖农还停留在早期不酸、不苦、不涩就是好咖啡的观念，却不知道在世界趋势里，精品咖啡已经走到哪里。尤其中国台湾的消费者很精明，即使是便利商店，都是新鲜烘焙，百分百阿拉比卡的现磨咖啡豆，加上自烘咖啡馆兴起，市场上已养出一批讲究的咖啡消费者。

于是他的农业魂再起。2013 年，林哲豪成立中国台湾咖啡研究室（Taiwan Coffee Laboratory, TCL）。以前"在欉红"是直接跟果农买水果，这次他不直接"买鱼"，而是给予"钓鱼 " 的方法，引进国际 SCAA、CQI、COE 杯测系统，和咖农合作，让他们了解何谓精品咖啡，了解精品咖啡的价值体系、风味要求，明了同样是精品咖啡，为什么这款风味在国际市场上的卖价高过另一款。

1. 中国台湾咖啡研究室，是不少咖啡人杯测、讨论风味的秘密基地。
2. 杯测咖啡是林哲豪最常做的事，上山下海，都是希望找到好风味的中国台湾精品咖啡。

从杯测寻找好风味下手

有举世皆然标准的杯测，可以很直接地反映咖啡质量，有些农民会在改变了不同种植或处理法后把样本寄给林哲豪，再透过杯测的回馈调整。中国台湾咖啡研究室也会从中找寻中国台湾精品豆，甚至给予较高的收购价，鼓励农民持续精进。

"我觉得中国台湾咖啡绝对有竞争力，重要的是我们如何能先感动自己，再去感动世界。"

林哲豪感性地说。对于咖农，他企图弭平产地和消费端的落差；对于咖啡业者，他则希望能把长期以来，被生豆商、烘焙商或器材代理商过滤的信息揭露，邀请国外知名咖啡从业人员来台，举办国际咖啡论坛、分享会、认证课程并发行杂志《咖啡志》等。

随着中国台湾咖啡市场的逐渐发展，林哲豪笑着说自己就像瞭望手，希望能把国际上、消费端发生的事，带回来给整个产业参考，让大家减少摸索，从种子到杯子，咖啡产业越来越健全。

“如果我们把中国台湾当成一个品牌，我们有没有可能把咖啡当成一股力量，而中国台湾独特的咖啡文化是很值得骄傲的。”林哲豪很有信心地说。这位咖啡人口中的小缲，横跨产地、市场与咖啡专业工作者间，凭借着他对咖啡的专业及土地的关怀，正在逐渐改变中国台湾咖啡豆的风貌。

3. 为推广中国台湾精品咖啡，中国台湾咖啡研究室内有不少曾获 SCAA 高分的咖啡样本。

4. 林哲豪担任发行人的杂志，搜罗全世界的咖啡信息，是产业界的重要信息来源。

Let's Talk
中国台湾咖啡

跟我们谈谈中国台湾咖啡吧！

林哲豪真心话

中国台湾咖啡过去给咖啡业界的传统印象经常是不够干净、有点土腥或木质味，不过好咖啡其实是藏在行家里的。在走遍各地咖啡庄园，了解国外精品咖啡市场的林哲豪眼中，中国台湾有可以媲美最佳巴拿马等级的顶级咖啡。采访当天喝到的南投国信乡向阳高山咖啡，果香与纯净的风味，让一旁的摄影师都忍不住说："好像走在阳光里。"

Q

老实说，中国台湾咖啡的风味如何？

经营"在欉红"的前几年，我也觉得中国台湾咖啡没什么好喝，直到喝到新社农民高大哥从桃子改种的咖啡后，那件事让我很讶异，也让我突破了对中国台湾咖啡认识的窠臼。我甚至把样本拿给同业去测，大家都说真的有淡淡的桃子香，是一支蛮好的咖啡，我才发现自己对中国台湾咖啡了解太少。

这几年我们和咖农合作，带国外的精品咖啡到产地，让他们知道有这样的风味，甚至组织咖农，盲测谁的咖啡比较好。让大家关注在质量的提升上，而不像以前都靠业务能力，让咖啡市场更健全。另外也通过杯测的回馈作为指标，鼓励咖农真的找到风味很好的咖啡。

除了质量外，价钱高昂也是许多人认为中国台湾咖啡裹足不前的原因？

世界顶级咖啡，像是知名生豆竞标赛事卓越杯、最佳巴拿马，或生豆品牌 Ninety Plus……它们远比中国台湾咖啡贵。我在意的是，有没有办法借由我们对咖啡的知识或力量，让中国台湾生产出这种高质量的咖啡，而我认为是办得到的。

牙买加的蓝山和夏威夷可娜，精品咖啡业界都认同，它其实是一个营销大过商品质量的咖啡，即便如此仍有相当大的市场占有率。中国台湾咖啡很多都不输它们，为什么中国台湾人愿意付那么贵的价钱去买蓝山、可娜，而不愿意买本地咖啡?

所以我们转换角色，希望成为中国台湾精品咖啡的代言人，和咖农合作提升质量，也为他们发声。

你好像有自己的分级系统，可以为我们介绍一下吗？

产业上并没有那么严格的定义说哪一种程度是哪一种等级的咖啡，不过我自己把咖啡分成：商品咖啡（Commercial）、优质咖啡（Premium）、精品咖啡（Specialty）和顶级咖啡（Top Speciality）四种。中国台湾咖啡应专注在 Speciality 与 Top Speciality 市场上的竞争。

商品咖啡

符合食品规范，适合用做其他咖啡加工品、三合一咖啡、速溶咖啡或调味咖啡。

优质咖啡

一般咖啡馆的基本品项，如果要作为商业豆使用，可以直接从熟豆研磨冲煮，不见得需要加糖、奶精去调味。

精品咖啡

是一般精品咖啡馆的常见品项，除杯测分数在 80 分以上外，生豆商进口价格跳脱期货标准，根据产区与批次的不同，有各自相应的质量跟合理售价。

顶级咖啡

卓越杯、最佳巴拿马、Esmeralda 等各国或各庄园竞标咖啡是本类的典型。毫无疑问，这些品项就是去挑战市场上可以接受的最高价格，除了理所当然的高质量外，还有奢华的概念，亦是在世界咖啡师大赛中常被使用的竞赛豆。

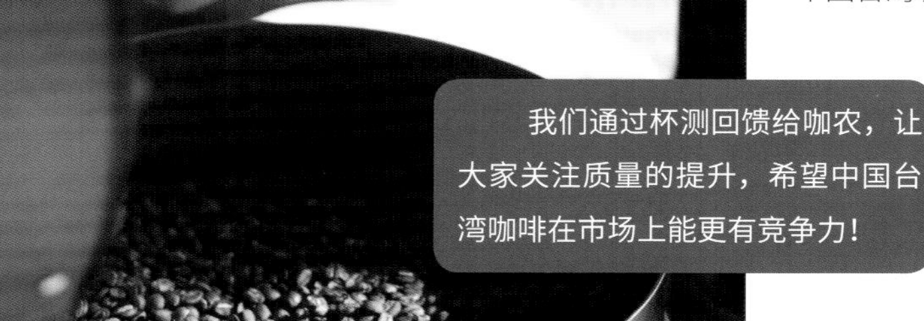

我们通过杯测回馈给咖农，让大家关注质量的提升，希望中国台湾咖啡在市场上能更有竞争力！

林哲豪的咖啡秘密武器

用了 10 年的手冲铜壶。手冲时林哲豪喜欢细水流，这款好拿又好用，直到现在仍是林哲豪的心头好物。

高中同学送的咖啡杯。那时候他知道林哲豪喜欢咖啡，莺歌人的他便买了一组杯子送给林哲豪，林哲豪一直珍藏着。

这几年林哲豪和韩怀宗老师上山下海，走访全台 54 个咖啡庄园，里面都是理解中国台湾咖啡的珍贵资料。

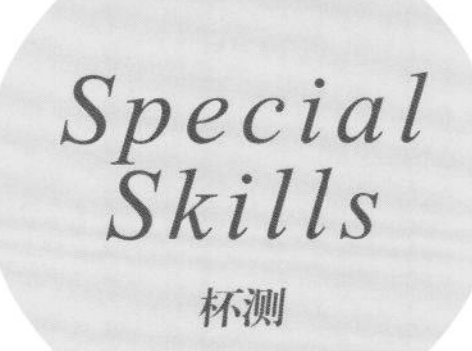

符合国际标准的杯测逻辑

杯测系统本就为咖啡业界所用，更是生豆商购买生豆鉴定质量的重要指针。虽然味觉往往受到文化、饮食习惯或个人偏好等影响，但有意思的是，人类虽然对好风味有歧异，但对于负面风味却有趋同性（可能跟身体的防卫机制有关），苦味、焦味、塑料味、土味、腐败味大家都不喜欢。

杯测可以很直接地反映豆子质量，把“不好喝”的风味排除掉，分数越高，就表示它在风味上越特别，甚至有让人感动的元素，让你愿意付出高于一般市场的价格。

跟着林哲豪学简易杯测

杯测前，你需要准备

手上会有四样东西：纸、笔、汤匙、吐杯。咖啡豆是水果，就像世上几乎不会有两个一模一样的橘子般，为了避免喝到肉眼看不出来的瑕疵豆，会准备5个样本做5次重复，且每杯独立研磨。另外还会多准备一杯豆子来洗磨豆机，这杯不杯测，而是要让磨豆机不会留有之前豆子的味道。

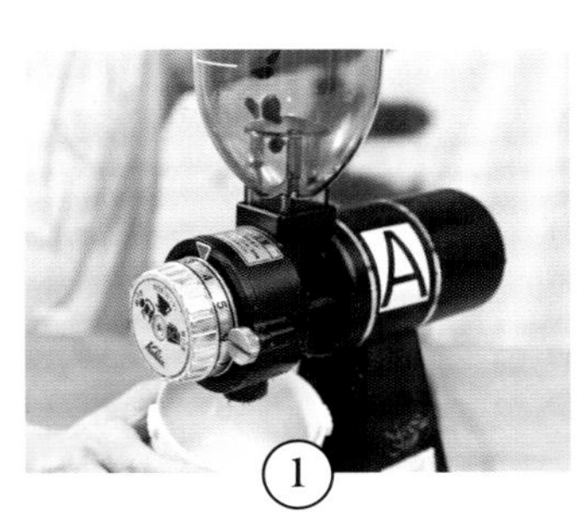

①

准备 6 杯熟豆磨粉，一杯专用来洗磨豆机，另外 5 杯每杯都要独立研磨，之后每个步骤都要进行重复。

②

磨好可先盖杯，准备闻干香，将闻到的香气记录在杯测表上。

③

将 93°C 热水倒入，粉水比为 1 ： 18.18，均匀注水使咖啡粉浸润。

④

注水时即开始计时，在 4 分钟内闻各样本的湿香气。

⑤

4 分钟后，将杯测汤匙浸入热水洗一下，在杯子表面绕 3 圈破渣，将表面粉水搅拌均匀，并再闻一次湿香气，记录在杯测表上。

⑥

6 分钟时，取两支杯测汤匙捞渣，把表面的浮沫捞到旁边的吐杯（动作要轻，不要过度搅拌）。

⑦

约 10 分钟后，用汤匙捞起啜饮，将咖啡汁液与空气大口吸入，借着空气混合咖啡液，让香氛物质更容易发散，仔细感觉口感、味道、香气，啜饮完记得吐出，并记录在杯测表上。

颠覆观点

杯测师虽需经过训练，但味觉能力最好和一般人相仿。他的感官应该要足以代表大部分消费者的反应，如果只有杯测师喝得出来的味道，意义就不大了。精品咖啡的杯测师其实是为了顾客去选择好咖啡。

什么是 Q?

美国咖啡质量鉴定学会（Coffee Quality Institute）的杯测师认证资格，指的是全程皆在 SCAA、CQI 的标准规范及认证讲师或考官指导下完成课程学习，并通过测验。常听到咖啡人说他考过 Q，指的便是通过美国咖啡质量鉴定学会的 Q Grader Certificate 认证。中国台湾咖啡研究室引进的正是 Q Grader 认证系统。

给咖啡魂的备忘录

Q 不是咖啡师也不是烘豆师的你，习惯站在一个比较宏观的角度看事情，为什么？

A 这可能跟我在“在欉红”的发展有关。我必须说中国台湾的农民处境艰难，随着国际化，加入 WTO，我们会面临各式各样国外水果进关，很多东西从国外运来都比本土的便宜。有没有办法让中国台湾的农业升级？只有我们一直把消费地的信息带给农民，农民才会知道应该往哪个方向努力。

也因为我看过比较多的田，所以我对中国台湾农业、咖啡庄园有情感，很感动我的是中国台湾离田非常近。即便如此，大家的心里面，对田的感觉可能比东京、上海这些地方更遥远。是什么原因让我们离田这么远？可能跟基础教育有关，以前的课本从来没有教我们哪一个乡镇产什么水果。

让土地跟我们更接近，其实是有机会的，像日本对于本地产品的信赖就远高于我们，我希望中国台湾有些商品可以做到卓越。

Q 和咖农合作最困难的是什么？

A 一个是农民到底有没有办法用系统性、科学性的指标，去记录他每一批次制作过程跟环境的变化差异，唯有这样才能去调整追溯，接下来怎么办？为什么这一批比上一批好？

另一个是农民自己有没有喝咖啡？如果他自己有做杯测、质量管理，我就不用用那么高程度的质量管理做考核，对比一下农民杯测表的分数和我自己的分数，彼此马上就知道质量问题在哪里了。

Q 觉得什么样的人适合做咖啡？

A 最重要是热情，因为咖啡不是一个赚钱的行业，从种子到杯子都不是很赚钱，需要热情去弥补毛利的不足。不过因为咖啡文化很吸引人，所以还是有很多人前仆后继地来，每年有那么多人开咖啡馆，可是也有更多人把咖啡馆关掉。我们有没有方法让大家不要浪费那么多资源在开店关店上，而是让大家在进入这个行业之前就对行业有认识，这样的话，所有的行动都会做足准备，一开始便能站到对的位置上。

Q 觉得咖啡文化最吸引人的点是？

A 你可以很容易有参与感，去参与其中的价值。如果是品茶，要拥有制茶厂不太容易，也比较难用小规模的方法制茶，还要接触茶农、焙茶，每个环节信息都不畅通；酿酒则需要设备、知识，红酒更是如此，你不太可能介入生产制造的环节。

以现代人来说，比起资金的报酬，我们更注重生活质量，更注重成就感，所以如果你能介入其中的环节，有参与成就感的话，那个效益是不太一样的。

Q 对想要入行的人有什么样的建议？

A 不要着急开咖啡馆，因为开咖啡馆是成本最高、回本最难、竞争最激烈的。可以先把走访咖啡馆当成日常的兴趣，把你自己喜欢的高质量咖啡馆走访一圈、一圈再一圈。如果可以的话，开自己的咖啡馆之前，先去人家的咖啡馆工作。

Q 要在别人的咖啡馆工作多久时间才够？

A 因人而异，但你一定要面对客户端，要真的能够接触到现场，在最辛苦的那个职位工作过。这样之后，如果你还是想开咖啡馆的话，我觉得那时候再开也不迟。

Q 如果以想开咖啡馆为前提，学习当一个专业的客人，走访咖啡馆时应该要注意些什么？

A 我认为专业的客人要有品味——就是有所不为，你不是一个难伺候的客人，很讲究地在挑剔某些环节，而是可以有充分的同理心去了解，咖啡馆是以什么样的模式经营获取利润。

走进去后，你会看有多少座位、多少咖啡师、多少服务员，每一天的流量大概是多少，它提供哪些服务，给客人最大的价值回馈是什么。可能不是咖啡本身，可能是现场空间、简餐松饼、网络或其他的周边服务，这都是咖啡馆可以提供的价值，不是只有咖啡而已。

Q 开咖啡馆，咖啡品质不一定是最重要的吗?

A 开咖啡馆需要一种商业模式，质量是质量，商业是商业。我会和专注质量而想开咖啡馆的人说，你应该先了解，何谓商业模式，懂得这个可能比质量更重要；如果反过来是一个很想做生意的人，我会建议说，其实咖啡馆并没有想象中那么好赚，你可能还是要想一下怎么跟热情的人做结合。

Q 咖啡有那么多过程，你最喜欢哪一个过程？

A 我是学园艺的，加上曾祖父是大溪的茶农，虽然我是地道的台北小孩，但我阿公在新店附近就有一块田，有个小菜园、小鸡舍，所以我对于可以看到庄园的种种事物还是非常感动的。如果可以从自己采摘开始，做后制处理，创造出自己的生豆，可以进入到这种层级，会很令人感动。不过我们在都市里有太多放不下的事情，大概只能蜻蜓点水般在某次处理过程参与其中一小部分，并把它拼凑起来。不过我对于产业链的前端是最有兴趣的。

Q 最喜欢的咖啡馆是哪家？

A 我喜欢台中的 Mojo The Factory，我认为它是一个很标准稳固的商业模式，带给咖啡行业一个光明的未来。它同时兼顾质量，质量不只在咖啡上，也在整个店的氛围跟商业模式中，同时它也给咖啡人一个很憧憬的未来，因为整栋楼都是它的，就像自己的城堡一样。

另外我也很喜欢微光咖啡——Aura，那是我平日最常去的咖啡馆，除了我本身跟老板交情甚笃外，这里提供了性价比非常高的咖啡。作为日常饮用，我可以很轻易地喝到一杯符合我期待或超过我期待的好咖啡。同时，他也把精品咖啡的氛围做出来，并将咖啡风味可视化。中国台湾人对风味叙述的词汇不熟悉，他为了去解决这个状况，把风味转成颜色，或许某种颜色的某种调性就是某种咖啡风味的叙述，我很喜欢这样的概念。

我希望成为中国台湾精品咖啡的代言人，

和农民合作提升质量，也为他们发声。

——林哲豪

吴则霖

Berg Wu

世界级的咖啡师

“煮意式时，把手敲完摆一旁，没有装回机器，后面再冲煮时，一杯给客人，一杯自己喝，意外得到冷却把手会影响萃取味道的灵感。不迷信大师，所有风味都是自己慢慢去找，钻得更深，去完成一个主题。”

冯忠恬 / 文　林志潭 / 摄影

BE KNOWN FOR……

在研究所时骑着三轮车卖手冲咖啡，从路边小摊车到世界咖啡师大赛冠军，老婆 Chee 一直是咖啡品尝与讨论上的好帮手。Simple Kaffa 创办人，荣获国内外各大咖啡奖项。2014 年发现冷却把手会影响咖啡风味的技术，在世界大赛时呈现，影响了全世界咖啡人。

咖啡资历
Seniority

17 年

经历

- 2004 年，在景美、公馆一带卖三轮车手冲咖啡
- 2009 年，第一次参加中国台湾咖啡师大赛
- 2011 年，创办 Simple Kaffa
- 2013 ～ 2015 年，连续三届获中国台湾咖啡师大赛冠军
- 2014 年，参加世界咖啡师大赛，获世界第七名
- 2016 年，获世界咖啡烈酒大赛季军
- 2016 年，获世界咖啡师大赛冠军

从三轮车摆摊
到世界咖啡师大赛冠军

“你印象最深的一杯咖啡是什么时候？”听到这个问题时，吴则霖歪着头想了一会儿，然后说起了启发他味觉体验最深的一杯咖啡。

那可能不是人生的第一杯（第一杯是高三时为了找读书场地而去怡客、星巴克或丹堤喝的），但却是影响他最深的一杯。大学时正好遇上网络盛行，吴则霖时常上各种咖啡论坛，有次台中欧舍咖啡在网上做宣传活动，他和现在的太太 Chee 一同参加。欧舍老板许宝霖在黑板上画了个埃塞俄比亚地图：“我第一次同时喝到同一产区里的两支豆子，虽然都是埃塞俄比亚产，但风味不同，而且真的喝到了书上讲的蓝莓味、草莓味，那是一杯很明确的启蒙咖啡。”

吴则霖笑着说，那天的活动只有他、Chee 和另一位参加，彼时精品咖啡的讨论还不像现在如此之兴盛，但他却大大地被影响，越玩越深。考研究所时，还以一台改装三轮车作为和父亲打赌考上台大的礼物。

2016 年是丰收的一年，
WBC 冠军和屁宝的出生，
是人生里的两大礼物。

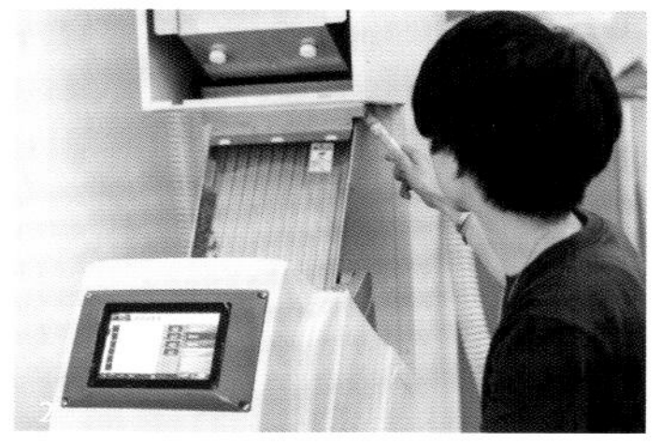

1. 世界咖啡师大赛，各国好手齐聚一堂，咖啡师是舞台上的明星。
2. 在烘焙工作室里，以色选机提升工作效率。
3. 想看看 Simple Kaffa 的后台吗?

不知道是想进台大的意志力太强大，还是太想卖手冲咖啡，吴则霖如愿考上台大电机所，也开始了他的假日三轮车咖啡摆摊生涯。

一开始和朋友拿豆子，摆摊一两年后玩起了烘焙。“初期很简陋，就用奶粉罐打洞，装上小马达让它转，放在瓦斯上烘。”Chee 喜欢品尝，吴则霖热爱冲泡，两人一路扶持，慢慢摸索。“不是人家告诉你该怎么做，而是自己不断去尝试。后来的三轮车摆摊或比赛都是在陌生的环境里冲煮，变量很大，但因之前积累了很久的基本功，就不会觉得调整变数是那么困难。”吴则霖写意地说。

之所以说他写意，是因为谈起高压的咖啡大赛，他总是一派轻松。这跟 2008 年他到丹麦观看有咖啡界奥林匹克之称的“世界咖啡师大赛”有很大的关系。

其实从 2004 年中国台湾举办第一届咖啡师大赛时，吴则霖便一路关注，发现世界赛和中国台湾赛的气氛与感觉完全不同。当他看到 2008 年世界赛冠军把咖啡煮好后，不用托盘，而是把三杯浓缩咖啡架在手上，另一杯用手拿着，转身往评审走去时，“我就想，那么高压的比赛，他却像个熟练的服务生，那么轻松开心。”世界大赛的选手等级与氛围，让他心生向往，回来后便决定参加比赛，希望能取得中国台湾冠军，拿到进入世界大赛的门票。

随着一年年的调整、进步，2013 年吴则霖拿到中国台湾赛冠军，2014 年代表出赛获得世界大赛第七名；2015 年因磨豆机失误，没进入决赛，再到 2016 年的世界冠军。这一年，孩子屁宝出生，他得到了人生中两个重要的礼物。

多年来吴则霖年年参赛，从中国台湾走向世界，为准备比赛投入许多，也把自己掏空。未来，他希望可以多花点时间陪伴家人，投入教育训练，也准备开店事宜。人生要迈入下一个阶段，咖啡生涯也是。

Let's Talk
咖啡风味

吴则霖谈

从糖浆触感到香气奔放

吴则霖目前萃取出来的咖啡，可分为两种风格：一种是他以前就很喜欢，以中深焙去表现豆子甜感、顺滑触感的糖浆风格；另一种是参加 2014 年世界咖啡师大赛后，发现有些选手表现咖啡的方式很有意思，便跑去该年 WBC 亚军的店——香港 Cupping room 后得到的启发。

吴则霖说：“他们做的咖啡很好喝，而且是跟我们完全不同的调性，走极浅焙，不会去追求糖浆般的触感，但有很奔放的香气。Cupping room 的卡布奇诺不是饱满带甜，而是有很清爽细致的风味。回来后，我就想也来玩玩其他风格的浓缩咖啡，便发展出现在的‘透明风格’。”

糖浆风格

用中深焙的豆子，让它还保有一些酸质，冲煮时，萃取量不高，让它呈现一种黏稠又带有很高甜度的触感，还有一点点的酸，有点像在喝果汁糖浆，因此被称为糖浆风格。如果在 Simple Kaffa 点 House Blend，就是糖浆风格。

Insight

为了完美呈现世界赛，吴则霖自己跑去找豆子

透明风格很损伤豆子的品质，如果豆子不好，很难支撑其所要呈现的风味，可能香气会太单调、酸甜感不够饱满、没有尾韵等。为了完美呈现透明风格，2016 年的世界赛，吴则霖自己跑去巴拿马找豆子！

透明风格

用浅焙的豆子，尤其是超浅焙，把咖啡豆特殊的香气最大化，但此时萃取就要特别注意，不能让风味挤在一起。吴则霖要的是能把整个风味层次拉开的感觉，因此浓度不能太高，要做到虽然浓度淡，却又可以清楚喝到前、中、后的完整风味。吴则霖将其比喻成一个画面，就像眼前有一扇窗，可以清楚看到前景、中景、后景的缤纷，因此称它为透明风格。如果在 Simple Kaffa 点单品豆 1 ＋ 1，就会是透明风格。

吴则霖的寻豆心得

不是名庄园的豆子就一定好，同一庄园有不同的种植区，对于处理法的细致度也有区别。购买豆子时，不能只认庄园，要确认到最细的环节——批次，且一定要杯测才准。

2016 年 WBC 比赛时，选择 Finca Deborah 庄园 1 950m 的高海拔瑰夏。除了喜欢他们的种植环境、经营理念与庄园管理外，这支豆子也具有爆炸性的香气，很适合透明风格。

Let's Talk
咖啡与烘豆

和陈志煌的烘豆合作

不管是店内用豆还是参加比赛，吴则霖的豆子大部分都是自己烘焙，自己最了解所要呈现的感觉，可以在烘焙与冲煮里找出最好的呈现。第一次和陈志煌的合作是 2014 年的 WBC，那时吴则霖刚好换新烘焙机，发现新机和从前习惯的机器调性差太远，在时间有限的情况下，于是请陈志煌帮忙。接下来的合作便是 2015 年的中国台湾咖啡师大赛与 2016 年的 WBC，那时孩子屁宝刚出生，又得同时准备咖啡师大赛与咖啡调酒大赛，因此邀请陈志煌再次帮忙，结果 2016 年一举拿下冠军的好成绩。

Q 你和陈志煌的合作模式如何？

Fika Fika Cafe 的呈现，不管是烘焙或冲煮都跟 Simple Kaffa 不同，我不是要拿陈志煌现在的烘焙方式来用，相反地，我们彼此信任，我信任陈志煌可以做很有效的烘焙调整，陈志煌也相信我对风味的反馈。我们基本上不用碰面，我把豆子拿到店里，他找时间去拿，烘好后再放回店里，我们都是通过脸书（Facebook），讨论我用了什么参数，哪边需要调整，我会先跟他形容我这次的主题，要怎么呈现，跟他分析我觉得难的地方在哪里，我想要怎么避过这些危险、不稳定的因素。

烘世界赛的豆子时很急迫，拿到豆子是 5 月初，最晚 6 月中一定要

烘比赛豆，6 月底要比赛，豆子还要熟成，中间只有 1 个月，3 ～ 4 次的调整机会。

随着对咖啡的认识越来越深，就知道要在不同的场地百分百完整重现根本不可能，我们能做的只有在不同的环境把表现做到最好。因此在烘焙上不会太纠结，只要烘出来的大方向没错就好。

Q 在这次咖啡师大赛的烘焙里，有什么特别着重的地方吗？

中国台湾赛时的水是悦氏矿泉水，它的 TDS 质很低，接近 RO。这么低的 TDS 冲煮出来会偏酸带涩，偏酸的话我们通常会萃得更多，让酸度下降，但萃得更多也会容易涩，所以这两个点很难同时避免。我跟陈志煌说，那我们就把浓缩咖啡的烘焙度调整得比较深，但又不能像你店里的深焙那么深。我给他喝 Simple 店里的烘焙度，给他参考。因为容易带涩，所以要帮我强调它的触感，触感一定要够滑够厚实，然后把酸度磨掉。

但在卡布奇诺上，我就有另外要呈现的东西，因为它会加奶，所以浓缩咖啡带一点点涩感，不太容易被喝到。我想要呈现香气，所以请陈志煌烘得比较浅。

世界赛的时候，水不会到 RO 的状况，因为太极端了。虽然说世界赛的范围蛮广，TDS 有可能是 90，甚至会到 150、200 多，但基本上还在合理范围。我比较不担心触觉这个点，所以我跟陈志煌说两个我们都用浅焙吧！但是香气要最大化，我们来冲香气。因为我找到一支很复杂，但香气非常爆炸的豆子。我觉得那支豆子超级复杂，冲香气就对了，触觉我可以用其他方式，比如冰镇等冲泡方法来解决。

陈志煌

烘豆大师

2016 年 WBC 冠军——创意咖啡怎么想

有咖啡界奥林匹克之称的 WBC，是每年全世界咖啡师瞩目的焦点，参赛者需在 15 分钟内完成 4 杯浓缩、4 杯牛奶饮品和 4 杯创意咖啡。这次吴则霖选用巴拿马 Finca Deborah 的高海拔瑰夏，以质量优良咖啡豆、意式浓缩咖啡机的冷却把手技术，以及最大化咖啡豆优点的创意咖啡，获得冠军！

我把浓缩咖啡萃取多一点，让它的尾韵比较强，香气比较弱，但我就是要它的尾韵。接下来加入一些蜂蜜和柳橙汁去支持它的酸甜感，还有伯爵冷泡茶去增加它类似佛手柑的风味。混合后我装入 Bellini shaker 里，把茉莉跟橘子精油打成香氛，以氮气灌进去。

不同材料有不同目标，香氛要的是香气，蜂蜜柳橙取它的酸甜感，这些都是这支豆子原本就有的味道。萃取有极限，如果要强烈的香气则往往得不到尾韵，要好的尾韵则不容易有香气，我想利用创意咖啡把这支豆子的优点最大化。

吴则霖的咖啡萃取　**聪明滤杯**

对吴则霖来说，使用聪明滤杯可以很轻松地冲出一杯好咖啡。只要他把步骤与参数设定好，Simple Kaffa 员工也可以萃取出世界级审定的风味。

研磨度 细研磨
粉水比 20g ∶ 300ml ＝ 1 ∶ 15
水 温 89 ～ 94 ℃

① 将磨好的咖啡粉倒入装好滤纸的滤杯里。

② 倒入热水，并从倒水时开始计时 2 分钟。

③ 1 分钟后，以铁汤匙由下往上慢慢绕一圈。

④ 2 分钟时间到，将聪明滤杯放上咖啡壶，启动活阀，让咖啡液流下即完成。

Secret Weapon
器具

吴则霖的咖啡秘密武器

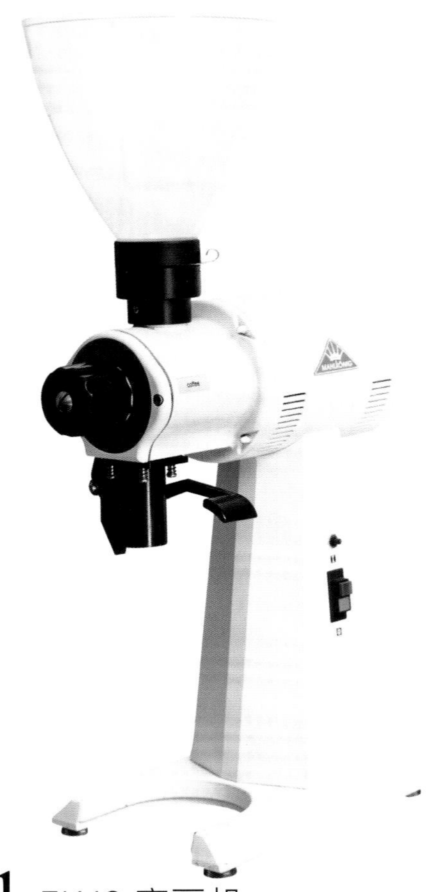

1 EK43 磨豆机

之前很流行的一款磨豆机，也是吴则霖带去参加世界大赛时用的磨豆机，研磨出来的咖啡颗粒一致，很适合用来表现透明风格。不过因为里面靠一个弹簧固定磨盘，动了的话，要花一段时间调整才会精确。2015 年世界咖啡师大赛时，志愿者搬磨豆机不小心动了磨盘，吴则霖在台上发现无法顺利调回来，本来预测要 27、28 秒才萃取完的意式浓缩咖啡，22 秒就萃完，速度很快，整个流速不对，差几十分无法进入复赛。所以 2016 年参加世界咖啡师大赛时，吴则霖特别小心，这次就不请志愿者搬了，一切自己来。

2

小绿是吴则霖还没开店就买的钢杯，三次参加世界咖啡师大赛都带着它。吴则霖是那种如果用得顺手， 一样东西可以用上好久的人。

3

这款压粉器是当初买 La Marzomlo 机器送的，这次冠军比赛也是拿这款压粉器上场。其实用它压会有一点缝隙，虽然后来出现很多大家都说好用的 tamper，但这款吴则霖就是用得很顺，没有想换的意思。

4

为了给评审最佳的品饮经验，2016WBC 时，吴则霖特意挑选咖啡杯的材质，分别到莺歌、苗栗寻找瓷杯与柴烧杯，盛装牛奶饮品和创意咖啡。

QUESTIONS & ANSWERS

吴则霖

给咖啡魂的备忘录

Q 开发创意咖啡时，点子来自于哪里？

A 一个是看豆子原本有什么味道，把它的香气、嗅觉与口感最大化，我在 2016 年用的就是这个方法。另外也可以依据种植、处理方式、庄园理念，或者在挑选豆子的过程中是不是有一些故事，冲煮上是不是有其他的东西，任何想法都可以加进去呈现。

如果是偶然迸发一个创意，觉得卡布奇诺、浓缩咖啡这样做很好喝，这样的创意就没有什么连贯性，像是一款为了讲而讲的产品。

WBC 其实是在营销全世界的精品咖啡，除了创意外，还是要回到豆子本身，而且要把它做到非常好喝，这才是重点。

Q 会给想要入行的人什么样的建议？

A 多喝咖啡，但要有意识地去喝。这杯你喜欢的点在哪里？不喜欢的点在哪里？要慢慢去分辨，不能单靠喜好。同样一个东西，之前因为心情好喜欢，现在又不喜欢，那就是对自己的味道没有掌控力。

可以自我训练，但会比较慢且容易有盲点，最好有朋友一起切磋。而我平常除了咖啡，其实也很喜欢到处吃吃喝喝，喝咖啡时有一群喝咖啡的朋友，吃意大利菜时有吃意大利菜的朋友。初学时会凭喜好，但每样东西都有共识的品评方式跟标准，可以多去感受学习。

Q 做咖啡过程那么多，最喜欢哪一个过程？

A 冲煮咖啡，那是我做咖啡的初衷。大学时多用手冲，现在则喜欢意式。不过因为现在器材都在店里，有的时候很想喝咖啡，就会特别跑回店里一趟，喝一杯就走。

Q 既然最喜欢冲煮，可是现在冲煮的时间反而不多，该怎么办？

A 还是想要冲煮，不过到店里就会想让同事去站吧，让大家都有机会多锻炼。不然等到小孩（注：访谈时才 6 个月）大一点的时候煮给我喝（笑）。

Q 觉得小孩要几岁才能喝咖啡？

A 我有个朋友是化学博士，他的小孩才 7 个多月就已经在喝浓缩咖啡了。他们算过，一天喝一口是可以的。而且小朋友慢慢也喝得出来什么好喝，什么难喝。那时他们到店里找我，比赛的豆子还有一杯，我说我煮给你们喝，他就分给小孩一口，结果小孩喝下去就灿烂地笑了。你知道吗？小孩应该感觉得到跟之前喝到的不一样……

Q 最喜欢的咖啡馆是哪家？

A 前几年去英国咖啡师大赛冠军 Maxwell 的店，他在巴斯有两家店——Colonna and Small's、Colonna & Hunter，整家店的感觉很棒，我很喜欢。如果说在中国台湾的话，我们店附近有家 Single Origin Espresso & Roast 也不错，我们常去那边聊天。

WBC 其实是在营销全世界的精品咖啡，

除了创意外，还是要回归到豆子本身，

把它做到非常好喝！

——吴则霖

CAUTION

林东源

Van Lin

咖啡大师

“我们老一辈的咖啡人，所有的出发点都来自于客人。为什么我会开始做拉花图案创作？因为想给客人惊喜，我希望就算一桌有 10 个人，每个人都可以得到不同的图案。”

冯忠恬 / 文 王正毅 / 摄影

BE KNOWN FOR……

1997 年，第一家星巴克进驻中国台湾，林东源也正好入行。身为第一届中国台湾咖啡师大赛冠军，也是第一位代表中国台湾参加世界咖啡师大赛的选手，初期以创意咖啡与拉花闻名。在那个大家都还在拉爱心与画叶子的年代，天鹅与蝴蝶的拉花图即已成为林东源的代表作，并且他持续在咖啡本质与跨界上精进。他不但拥有自己的咖啡馆、烘焙厂，也在上海成立体验、教学中心，如今 GABEE. 已是以咖啡为主体的多元品牌，正往百年老店的愿景迈进。

咖啡资历
Seniority

22 年

经历

- 2004 年，GABEE. 成立，获第一届中国台湾咖啡师大赛冠军
- 2005 年，出版《Latte Art 咖啡拉花》
- 2006 年，获中国台湾咖啡师大赛冠军、出版《GABEE. 创意冠军咖啡》
- 2007 年，世界咖啡师大赛中国台湾地区代表选手
- 2008 年，开始到世界各地担任咖啡赛事评审、参加演讲与推广活动，影响亚洲咖啡人
- 2015 年，成立上海 GABEE.，是提供专业咖啡、体验活动、培训开店等服务的多元品牌
- 2016 年，出版《GABEE. 学》一书

让 GABEE. 成为一个品牌

说到林东源，很多咖啡人会眼睛一亮，尤其年轻一辈，不少人都深受其影响。2004 年，中国台湾第一次举办咖啡师大赛，林东源是那年的冠军；2007 年，世界咖啡师大赛现场，林东源是那年的中国台湾选手代表。从 1997 年入行以来，林东源看着中国台湾意式咖啡文化的起落和精品咖啡的崛起， 而他所创立的 GABEE.，也从一家咖啡馆转型成为一个充满活力的跨界咖啡品牌。一杯咖啡可以带你走多远？ 2011 年，当林东源因咖啡师的身份受邀到南非演讲，站在世界的最南端——好望角，双眼望向蓝色海洋时，他知道咖啡可以让他走向丰富且不同的人生。

不像一般的咖啡师只做咖啡，林东源很不典型。他会拉花、做创意咖啡，店里的饮品多元且口味丰富（光饮品就有一百多种口味）。喜欢饮料的他，大学时因被咖啡馆里人与人之间真诚的互动吸引，决心开咖啡馆。退伍后，他在咖啡馆工作了七年，然后开了家和“咖啡馆”台语谐音相同的店——GABEE.，没想到开店的同年，中国台湾刚好举办第一届咖啡师大赛，林东源一举夺得了冠军。接下来的媒体效应与各种机会，完全超乎他原本只是想开一家咖啡馆的预期，GABEE. 一步步地走向人群，迎向跨界。

首先是创意咖啡，除了 2004 年的获奖作品——啡你莫薯外，他又在采访与合作单位的要求下，做出了酷咖啡、樱桃恶魔、罗马帝国、面茶咖啡等品项。擅长想象味道、突显主题的林东源，做出的每款创意咖啡无论在视觉、嗅觉、口感，还是在浓度与故事上，都很让人惊喜。

1. 林东源擅长整合与跨界合作，店内从咖啡、甜点到冰淇淋的食材都很讲究。想吃冰淇淋吗？ GABEE. 有和台南蜷尾家合作的超美味冰淇淋。

2. 一进入 GABEE. 就可见到的长吧台，是林东源的精心设计，里面藏有好多咖啡秘密武器。（见 P151）

3. 莫忘初心，从 2004 年开业以来，林东源征战国内外各大比赛，都被仔细记录着。

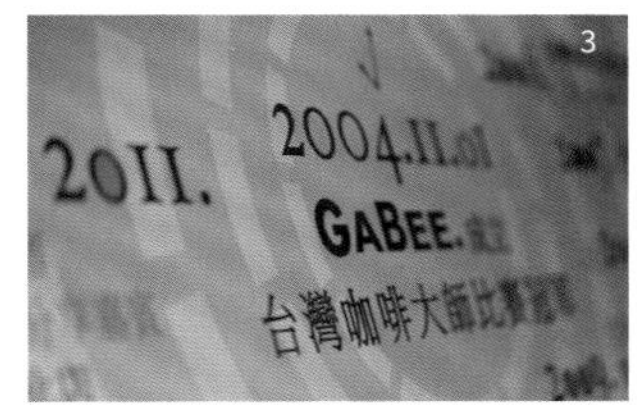

接着当然就是他的神乎奇技，一桌 10 人，每人都可以得到不同图案的拉花饮品。在彼时大家都还在拉一些简单的线条或爱心时，林东源已经发展出蜗牛、天使、展翅天鹅等图案，且承袭传统意式文化的厚奶泡，无论手势或发泡的层次，都让咖啡与牛奶更能充分融合。

2010 年以后，中国台湾的精品咖啡市场逐渐崛起，林东源也开始跑产地。从原来的只跟生豆商进豆，到后来自己到产地国直接跟咖农买，发展出有自己独特思维的“从杯子到种子”理念，由想要提供给消费者的口感体验回推，选择适合的萃取、烘焙、处理法与产地。

相对于许多咖啡人的酷劲与执着，林东源显然亲切许多，他总是从消费者的角度出发，回到他喜欢咖啡馆的初衷。他说：“一家咖啡馆的本质是人与人之间真诚亲切自在的互动。”所以他不独尊咖啡至上，“即使是咖啡人也不会整天只喝咖啡。我们这边有很好的咖啡，但如果一群朋友来店里，有人不喝咖啡，我也想给他其他很好的选择。”

从 2010 年全世界的咖啡人开始讲究咖啡产地与生产履历时，他就希望把对食物本质的追求扩展到店里的所有产品中：寻找有生产履历的生菜、和世界面包大赛得奖者合作面包、同台南的蜷尾家合作冰淇淋……

不只把头埋在咖啡里，是林东源最让人印象深刻之处。于是我们便能理解，为什么后来 GABEE. 会做各种不同的跨界：帮黑莓机设计专属挂耳包、用咖啡渣做衣服、和出版社合作周年庆商品、与喜欢的银饰设计师推出咖啡填压器、和 Fab. Café 合作、赞助 TED×Taipei，等等。

现在的林东源，一年有一半的时间都在海外，除了输出咖啡专业知识和理念外，也把最新的感受、信息或想法带回来。最近店里更引进 Filter Shot，以类似意式咖啡的方式手冲，萃取出更饱满的风味。

未来，他希望可以让咖啡更融入生活。“如果可以像意大利人一样，变成日常之所需该有多好？”而 GABEE. 也一定会持续前进。林东源说：“我希望它可以成为百年老店，而且是不断进步的那一种。”

Special Skills

创意咖啡

我会去想象味道，让味道在脑海里具体化

林东源的研发流程

很多人以为创意咖啡是噱头，但从每次世界咖啡师大赛的精彩度就知道，要做出好喝、漂亮且有想法的创意咖啡，可得有“真枪实弹”的扎实基础。

① 首先要了解咖啡的风味，用什么豆子、配方、烘焙度，怎么萃取，它的浓度、温度、状态如何。

② 然后要了解食材，知道食材本身的风味，借由什么样的烹调或处理手法，可以分别创造出什么样不同的状态。

③ 如何让两者相连。它可能不是直接被放在一起，而是要有一些介质做串联。

④ 考虑呈现的视觉、饮用的过程、消费者的感官体验，甚至要考虑你传递出什么样的想法。

What's Special

啡你莫薯的感官之旅？

先吃一口焦糖薯片，再喝咖啡，厚奶泡的设计，会让人先品尝到奶泡清爽的牛奶后，再接触到咖啡。薯片和咖啡的搭配，让人有吃甜点的错觉，接着便可用汤匙将意式浓缩咖啡和下面的番薯泥混合，让整杯咖啡产生一种全新的味道。随意地边吃薯片边喝咖啡，当喝到鲜奶油时，口感会增加；咬到咖啡豆时，味觉会跳一下；吃到冰块时，可降低浓度让味觉复位；如果尝到烤成丝的番薯皮，则会带点口感；最后整个味道融合在一起，往后拉长。喝完时舔舔舌头，发现留在嘴里最多的还是咖啡以及伴随而来的番薯香。

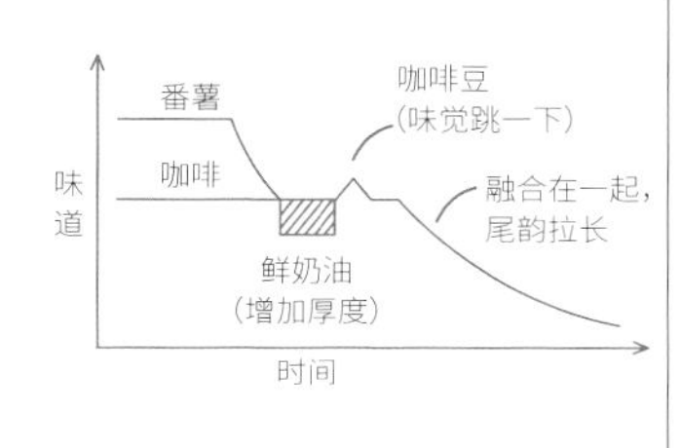

做出好的创意咖啡需要很广域的知识，如果没有足够的广度跟知识，一不小心就容易沦为单调。

当场以喷枪制成的焦糖番薯片，上面摆上咖啡豆与烤过的番薯丝。

以牛奶打成绵密厚奶泡

以深焙的南意咖啡豆做出意式浓缩咖啡

将红糖、牛奶、冰奶油和蒸好的番薯一起打成泥

林东源的创意咖啡
啡你莫薯

这款 2004 年就设计出来的创意咖啡，不但获得该年的中国台湾咖啡师大赛冠军，而且 14 年来几乎没有调整过配方，却一点也不过时，依旧是店内热销商品。他把咖啡和中国台湾人熟悉的番薯做了很好的搭配，再以奶油堆出厚度，饮用过程中，前、中、后段各有不同层次。

Special Skills 拉花

林东源的厚奶泡拉花哲学

1997 年林东源进入咖啡行业时，就开始玩拉花。在那个年代，大家强调的都是厚重绵密的奶泡，和现在新式薄薄一层，注重线条的系统不同。拉花固然在意外观，但其实味道也很重要，他说自己教学时都会刻意做绵密厚奶泡和薄奶泡让学生品尝。当被放在一起比较时，大部分的人都会说厚奶泡好喝，这也是为什么 GABEE. 到现在仍然维持老派传统的原因。

湖中天鹅

当大家还在拉叶子与爱心时，林东源是第一位创作出天鹅图案的人。即使现在很多的拉花师都在拉天鹅，但形体仍不同。林东源讲究曲线的优雅弧度，尤其脖子处一定要做出美丽的曲线，才有天鹅悠游于湖中之感。

蝴蝶

蝴蝶也是林东源的代表作，先制作出大小适中的心形，拉完线条之后要转杯子画身体。蝴蝶上下不一样，所以晃动的程度不同。最后要顺着身体收尾，才能勾出蝴蝶的美丽触须。

厚、薄奶泡在饮用口感上的差异

将牛奶打成气泡，接触到舌面后，会有发散作用，就像单纯喝红茶与泡沫红茶的不同。当气泡在舌面破裂时，会让咖啡的香与牛奶的甜变得更明显。

薄奶泡

只有薄薄一层，饮用时会马上接触到下面液态状的咖啡。因薄奶泡通常偏水状，不能有太大翻动的力道，否则咖啡表面的油脂会被打散。很多人误以为做液态状奶泡时，绕圈是为了融合咖啡和牛奶，其实绕圈反而是为了减缓融合。上下拉动，是垂直的力量，融合力佳，绕圈反而会把它分散成横向力量，让奶泡浮在表面。如果把水装在钢杯里，试着做绕圈跟上下拉动，会发现上下拉动时翻动、融合的力量是大的，绕圈反而只会有小小的涟漪。

虽然薄奶泡可以做出很细的线条，奶泡颗粒小，但也容易浮在上面，在风味上影响咖啡与牛奶的结合。

厚奶泡

把奶泡打得厚重绵密，虽然难以做出很细致的线条，但却可以让牛奶、奶泡与咖啡充分融合。拉花时的动作是上下拉动，把牛奶和奶泡垂直倒入、冲到底部产生翻动，因此喝到的每一口都有牛奶的香甜与咖啡的风味。也因为奶泡浓密，所以在舌间发散的感觉会比较好，这也是为什么对林东源来说，维持厚奶泡那么重要。

很多人做出来的拉花图案都很像，都是用叶子或细线条的组合来展现技巧，其实这些只要努力，花大量时间练习，就可以做出来。建议咖啡师还是要找出自己的不可取代性，找出新时代里的自我风格。

Make Coffee

GABEE. 的萃取

以聪明滤杯做出杯测感，萃出豆子的本质

GABEE. 的单品是以聪明滤杯萃取，整个过程都在消费者面前展现。问林东源怎么不用手冲或其他方式，他笑着说："除非你坐在吧台，不然用手冲或虹吸对消费者来说都只是得到一杯咖啡，但我用聪明滤杯可以给他更多的体验，就像杯测一样。"

示范豆 埃塞俄比亚 耶加雪菲

粉水比 20g ∶ 300ml=1 ∶ 15

水　温 92～95℃

浸泡 4 分钟不搅拌

① 上桌先让消费者闻干香气。

② 注入热水。

Point

1

消费者会先闻到干香、湿香，接着等待 4 分钟，压下活阀，一杯好咖啡就完成了，很像经历简易的杯测过程，而杯测正是用来测试咖啡豆本质的方法。

2

利用聪明滤杯，且以浸泡 4 分钟的方式，测试豆子本质，若买该支豆子回家，就可以用自己喜欢的方式修正冲泡技巧。

3

使用金属滤网，避免滤纸味，也保留住咖啡油脂。

4

特意做大杯量，感受咖啡热、温、冷各种温度的风味变化。

3

等待 4 分钟（热水倒完后开始计时）。

4

让消费者闻湿香气。

5

时间到，将滤杯放入马克杯过滤，完成！

Choose Wisely

选豆标准
不能因为一支豆子好喝就买它，要注重“从杯子到种子”的全过程

很多人都会说从产地到餐桌，从种子到杯子，但当咖啡豆被采摘下来的那刻起，风味便不断地在流失。对林东源来说，从种子到杯子的想法太消极被动，因此他从杯子出发：“我希望消费者喝到干净水洗且带点水果调性的味道，所以选哥伦比亚这个水洗有名的产区。因为要有这样的味道，所以我做浅中烘焙，然后用 Filter shot 去表现它的干净饱满。因此每当我采购咖啡时，我就想为什么要买？被放在消费者面前时要传递的是什么？是单品还是配方？用在配方时是什么功能？不能因为一支豆子好喝就买它，而是要在意它在杯子里的呈现，从想要给的风味往前推。”

Secret Weapon
器具

不同的豆子要有不同的磨豆机

磨豆是萃取咖啡的第一步。豆子磨得好不好，往往是影响冲煮的关键因素。林东源根据每台磨豆机与豆子所要表现的风味做搭配，南意、北意、单品、测试豆，各有不同的机器处理。

1 EK43
研磨单品豆

这几年在国际上很知名的磨豆机，因为世界赛有选手拿它去做意式，便开始受到越来越多人的欢迎。磨出来的粉末均匀、集中，风味饱满干净，深受不少咖啡师喜爱，林东源特意拿它来做单品的研磨。

研磨出来的豆子颗粒均匀、干净。

2 ANFIM
研磨实验、测试用的意式豆

中国台湾比较少见的牌子，如果要测试意式配方豆，会使用它。它的刀片是75milter，并不是特别大，也不是特别小，介于中间，刀片材质对于静电的控制比较好。因为是测试，所以希望是一个比较公正的角度，是一台基本型的状态。它对基础的风味表现还是好的，可以对测试豆做确认。

3 COMPAK F10
研磨北意咖啡豆

这台是锥形刀片磨豆机，研磨出来的均匀度很好，风味表现也是偏向饱满，林东源很喜欢COMPAK磨出来的咖啡粉，冲煮时的明亮度很好。因为北意风味的豆子比较浅焙，刚好适合这种明亮的感觉。

虽然它和EK43优点类似，但比较起来，COMPAK稍微没有那么均匀。对林东源来讲，意式还是应该有丰富度，太干净的反面就是单调，因此喜欢COMPAK处理意式时可以带出的层次感。

4 Mythos ONE
研磨南意咖啡豆

这台机器比较有名，由4个世界冠军一同研发。内有温控系统，不只是单纯地降温，而是研磨时可以固定在某一区段的温度，因为他们发现，咖啡在这样的温度中，对风味的萃取表现最完整，加上它把刀片设计在不同位置，缩短刀片跟出口距离，调整刻度时，可以减少粉量的浪费。一般要4个甚至8个shot，这台只要磨掉1个shot的粉量即可换刻度，加上它的刀片比较小，磨出来的粉很有层次与复杂度，GABEE.常用它来磨南意的配方豆。

吧台里的其他秘密

E61

林东源人生中第一台咖啡机，已经用了15年。从GABEE.开店以来，各种机器来来去去，只有这台没有退役，无论在功能或造型上都好用不过时，主要用在北意豆的意式浓缩咖啡萃取。

Filter shot

取单品跟意式中间的研磨度，以意式机做精品咖啡的萃取。有点像用意式机做手冲，在有压力的状态下萃取咖啡，又因为研磨度比手冲细，所以萃取出来的物质会比较饱满且充满油脂，有别于手冲、虹吸等风味。

萃取出来的咖啡油脂丰富且风味饱满迷人

拉杆机

拉杆机是很传统的咖啡萃取方式，可以做出很浓郁饱满却又干净的风味，这样的设计在现在的咖啡机中是做不到的。所以店里一定要有一台拉杆机，可以让更多人体会咖啡的传统脉络和不同的风味口感。这台是最新设计的，一般的拉杆机都不能做温控，一不小心容易温度过高，这台拉杆机有多个锅炉，可以为每个冲煮头设定不同的温度，主要用来出单品的意式浓缩咖啡。

想开咖啡馆吗？
创业前，林东源建议可以先问自己 3 个问题

Q 为什么要开咖啡馆？真正的想法、原因是什么？

大部分的人都只说想开咖啡馆，但要一直追问自己，想开店的真正原因是什么？是因为觉得很酷、想逃避在公司工作，还是因为很喜欢咖啡？开了之后想要传递什么样的信息给消费者？

Q 知道开咖啡馆需要做的事情有哪些吗？除了煮咖啡外，其实还有很多……

大部分的人都以为只要知道煮咖啡的知识就好了，其实还要懂很多综合性的事，例如服务客人、进出货、算成本，甚至连基本的维修和水电知识都要懂。

Q 知不知道如何去定一杯咖啡的价格？懂不懂得从运营咖啡馆的角度来看卖咖啡这件事？

即使是很多已经在开咖啡馆的人都不知道该怎么定价，一不小心就做出了赔钱的定价。每卖一杯咖啡，都在帮忙赚各方面的钱，包含水电费、房租、食材费、耗材费、宣传费、杂费、利润等，全部的费用都需要这杯咖啡帮你赚，所以得用成本比例来看。

可是就算有百分比的概念，很多人的百分比也是错的。有些你以为是固定比例的东西，其实它是浮动比例，比如房租，感觉是固定的，但你这个月营业额 6 万或 10 万，房租所占的比例即不同，所以是属于经常要调整的浮动比例。

相反，咖啡豆却是固定比例。比如我这个月可能花了 2 万买咖啡豆，下个月变成 3 万，明明是浮动的，为什么是固定比例呢？因为你做一杯咖啡用多少粉是固定的，用的豆子越多代表生意越好，所以食材反而属于固定比例。

如何给咖啡定一个合理的价格很重要，这样才不至于做得很辛苦，最后却发现自己没赚钱，甚至是卖一杯赔一杯。

QUESTIONS & ANSWERS

林东源

给咖啡魂的备忘录

Q 身为经营者，GABEE. 从咖啡馆走向品牌化的原因是什么？

A 一般的咖啡馆经常遇到人员流动，可是有没有想过为什么人员会流动？当一家咖啡馆生意好，它也只能让老板得到该得的利润，当伙伴跟了你 5 年、10 年，年纪越来越大时，他也要养家糊口，要买车买房，但利润就是这个样子，你无法给他更多。有的时候不是他不想做，而是他无法继续做下去。如果我无法去创造更大的价值，就不会有人跟着我去做永续经营的事，这就是为什么 GABEE. 要做品牌，不停地去创造更大价值的原因。

Q 会给想要入行的人什么样的建议？

A 我会劝大家不要那么快开店，先在一家店至少待 3 年，不然会看不到细节，因为你没有重复做一件事做到熟练，你就没有办法从里面发掘到它可以提升的地方。我之前待在咖啡馆的 7 年对我后来是很好的累积。

另外，咖啡其实很广域，尤其当你到了一定层次后，你会发现你要学的东西不再只局限于餐饮业，你要学的是所有的事物，你要了解更多生活中接触到的东西，比如跟设计有关的。咖啡跟设计、艺术、音乐都有关，很多创作者都是在咖啡馆里创作出很棒的作品，大家会喜欢咖啡馆也是因为它的装潢、音乐、氛围。所以，这些东西跟咖啡馆都有很直接的关联性，跟大家日常生活关注的方面也比较契合，所以也要去多接触这方面的东西。

我发现，当到了一定程度，所有领域真正专业的人，都不会只专注在自己的领域上，除了自己的领域外，还会去学习更多其他领域的东西。

Q 做咖啡过程那么多，你最喜欢哪一个过程？

A 这个问题好难！每个过程我都很喜欢，咖啡对我来说是一个整体，我从里面获得很多，不管是找豆子、拉花、做创意咖啡还是冲煮，都很有感觉。我以前是很害羞内向的，到现在可以在众人面前分享，这些都是入行前想象不到的。

Q 除了自己的店以外，最喜欢的咖啡馆是哪家？

A 我很喜欢墨尔本的 Patricia，它小小的，只有吧台，没有座位，每个人都只能站着。不过吧台的氛围很棒，咖啡师跟客人亲切互动，而且咖啡的呈现很特别，冰酿咖啡就给你一个外带的不锈钢酒瓶，杯子里有一个大冰块，很像在喝威士忌酒，让你自己倒着喝。

Patricia 地处一个角落，要从外面大马路转进来才会看到。有一个大窗户，你可以看到里面的样子，所有的人都很优雅，喝完咖啡就离开。吧台上有用霓虹灯写着的“sunshine”（阳光），感觉阳光就在你头顶。所有细节都很讲究，是一家完成度很高的店。

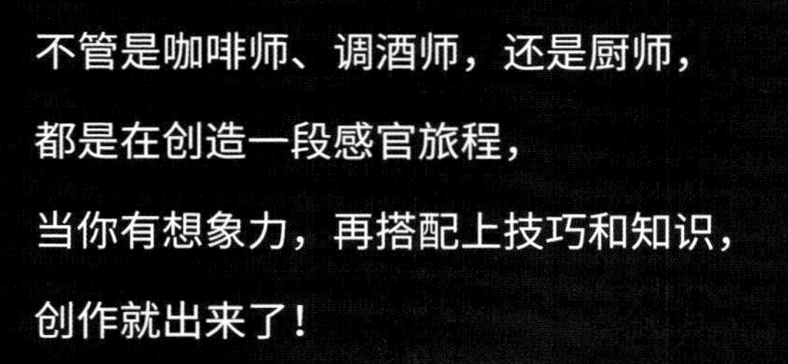

不管是咖啡师、调酒师，还是厨师，

都是在创造一段感官旅程，

当你有想象力，再搭配上技巧和知识，

创作就出来了！

——林东源

GaBEE
Since 2004

10

郭雍生

Yung Kuo

西雅图意式文化引进者

“咖啡没有好坏，自己喜不喜欢最重要！咖啡是咖啡师艺术性与生活风格的传递。”

冯忠恬 / 文　林志潭 / 摄影

BE KNOWN FOR……

当西雅图带动全美咖啡革命时，20 世纪 90 年代，这股风潮也吹到中国台湾来。原先在西雅图开咖啡馆的郭雍生，慧眼引进 Astoria、La Marzomlo 意式咖啡机品牌，并输入相关知识。还因发现中国台湾牛奶较稀薄，改善技术并调整温度，让意式浓缩咖啡与牛奶融合得更完美，为中国台湾意式咖啡重要人物。

咖啡资历
Seniority

30 年

经历

- 20 世纪 80 年代，在美国西雅图大幻象戏院咖啡屋（Grand Illusion Espresso And Cinema）任咖啡师
- 1994 年，成立雅图国际，引进 Astoria、La Marzomlo
- 1996 年，创立 Caffe’Alto 咖啡馆
- 2010 年，引进意式咖啡机品牌 Slayer

20 世纪 90 年代，引进西雅图意式咖啡文化

在中国台湾的意式咖啡浪潮里，如果想要知道一位咖啡人的资历够不够，只要问问他认不认识郭雍生就行了。

意式浓缩咖啡、卡布奇诺、拿铁、玛奇朵、康宝蓝……讲到中国台湾意式咖啡界，郭雍生是不能不提起的重要人物。

17 岁开始在美国西雅图父亲开设的咖啡馆——大幻象戏院咖啡屋工作的他，从小浸淫在咖啡的环境里，虽然大家都说意大利是咖啡之都，但西雅图的意式咖啡文化也不容小觑，甚至后来以连锁咖啡之姿，袭卷全球。

位于华盛顿大学里的大幻象戏院咖啡屋是西雅图名店，中国台湾第一代意式咖啡传奇店 Aroma 也曾到此学习。大幻象戏院咖啡屋因故关闭后，郭雍生便决定把西雅图的意式文化带入中国台湾。他先到意大利学习机器相关原理，1994 年只身返台，以慧眼代理 Astoria、La Marzomlo 意式咖啡机，当时市场上不少咖啡馆都是他的客户，全盛时期，全台星巴克 La Marzomlo 维修都包给他做。

买机器的同时，大家更想学的，是他的咖啡知识

由于卖咖啡机不是一次性服务，加上郭雍生除了熟悉机器，对于豆子、萃取、意式豆的搭配都很有研究，不少人都在买机器时顺道向他学知识。尤其 20 世纪 90 年代因特网与中国台湾意式咖啡体系都还不完善的时候，郭雍生就像部活字典，每天都要解决不同的问题。咖啡界的好朋友三上出和林雪芬都说：“郭雍生不时告诉我，他今天下午又为哪一位咖啡人讲解。我就会说，哎呀，你正事又没做了！明明很忙，他却还是很热心。”妻子陈玉珊也回忆，有位客人买了机器后，每天都跑来公司练习，泡好一杯就端到办公室给郭雍生试喝，慢慢调整，足足 1 年。甚至 1997 年西雅图极品咖啡成立时，郭雍生也提供机器与冲煮专业知识。咖啡人林东源说：“如果没有郭雍生，中国台湾的意式咖啡文化不会走得那么快。”

在那样一个意式咖啡文化还不发达的年代里，郭雍生就像一道光，指引着许多咖啡人，他也是中国台湾通向世界的窗口。从小在国外长大的他，不时把咖啡世界里的最新信息带回来，甚至也会回馈想法给国外厂商做设计上的修正。“你知道以前的意式咖啡机都没有灯吗？”哈亚咖啡的林

1. 郭雍生在 2011 年的咖啡展现场。

2.1996 年，郭雍生去意大利学习意式咖啡机原理。

3.1995 年，郭雍生到 Astoria 总部学习。

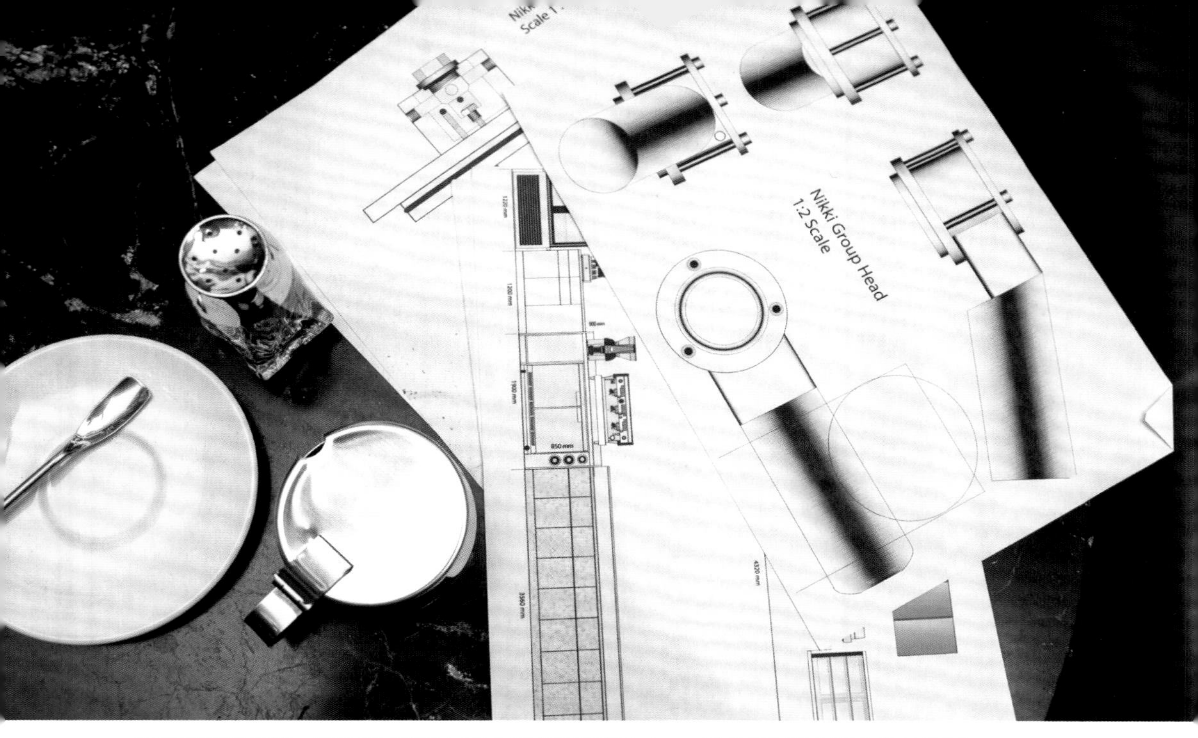

除了咖啡知识的传递外，郭雍生还时常帮朋友或客户设计咖啡馆的空间、Logo。每年咖啡展的摊位设计也都是自己来做。

雪芬说："郭雍生自己创造，为客户装上 LED 灯。那时候我带咖啡国际实验室的 Mane Alves 去找他，Mane 看到还很开心，说自己也要带一排 LED 灯回去装。"如今，LED 灯已成为各家意式咖啡机的基本配置。

郭雍生的好眼光，绝对不只表现在这一件事上。当他引进 La Marzomlo 时，它还只是一家很小的公司，现在则成了全世界知名的咖啡品牌。1996 年在中山北路六段成立的中国台湾第一家咖啡馆——Caffe' Alto，全面禁烟、文艺复兴时期风格的装潢，以及先在柜台点餐再入座的经营方式，也让后续的连锁咖啡馆追随。妻子陈玉珊说："他总是走在前面。"

咖啡是表现咖啡师的艺术性与生活风格

2014 年，郭雍生因病过世，冲击了不少咖啡人的心。深受他影响的妻子陈玉珊，接下了公司的经营大任。她说："我原本对自己很没信心，直到今年才发现，他真的留了很多东西给我。"

曾经连续 4～5 年，郭雍生每天都煮一杯咖啡给她，味觉是有记忆的，一天一杯好咖啡，让陈玉珊考 Q Grader，成为班上唯一一个第一次就拿到认证的学员。同样是煮意式浓缩咖啡，相同的机器，相同的豆子，陈玉珊煮出来的风味就是比较好。"填压很重要，全都是郭雍生教我的，很多力气大的男生填压得都没有我紧实。大家问我怎么做，我就示范，可是煮出来还是不同。"陈玉珊娓娓道来。

"不过郭雍生总说，咖啡没有好坏，自己喜不喜欢最重要，咖啡表现的是咖啡师的艺术性与生活风格。"回忆起郭雍生，陈玉珊感性了起来，她说他是感性与理性兼具的人，懂得机器原理，喜欢艺术、设计与咖啡，对人体贴，不卑不亢。"如果遇到什么无法决定的事，我就会想象如果是郭雍生，他会怎么做，听听他的声音。"身材纤细的陈玉珊，温柔地撑起了整家公司的运营，现在

1. 妻子陈玉珊在每天都会用的 Astoria 机上彩绘，右边是二十几岁时的郭雍生，左边是四十几岁时的他，仿佛郭雍生每天都在她身边。

2. 不只咖啡，郭雍生也相当在意餐点。图为当时 Caffe' Alto 的欧图里尼三明治，左上角的 Logo 是郭雍生自己设计的。

的雅图国际专注于机器的代理、销售、维修，也有自己的烘焙厂，提供意式配方豆。

随着中国台湾咖啡市场的发展，面对着新进入、资本雄厚的业者低价竞争，陈玉珊坚持着郭雍生老派咖啡人的风骨，希望把他对咖啡的热情、专业与艺术性传承下去。

“去年咖啡展时，我请艺术家在咖啡机上画了这幅画，一个是二十几岁时的郭雍生，一个是四十几岁时的他，这样就会感觉他也在现场了。”通过陈玉珊的描述，那台 Astoria 咖啡机变得更有温度，你知道它承载了多少的爱与温暖。

Caffe' Alto！

全台第一家美国西雅图（Seattle Style）意式咖啡馆

1996 年 Caffe' Alto 的第一家店，郭雍生希望能传达咖啡的知识性与艺术性。无论是文艺复兴时期风格的装潢、销售的产品，还是到柜台点餐结账的经营方式，在当时的中国台湾都相当独特，也可以看到后来西雅图连锁咖啡的影子。

Make Coffee
意式咖啡

郭雍生的意式好咖啡四大要诀

对郭雍生来说，意式好咖啡的四大要诀是：机器、咖啡豆配比与烘焙、研磨、萃取与咖啡师调制功力。因此他不但引进机器，也做烘焙，后来又开了咖啡馆，希望能全面展示对于制作咖啡四要诀的掌握与表达。

1 意式咖啡机

同样功力的咖啡师，如果可以用温控较好的机器，便有机会萃取出质量更好的咖啡。一般传统型意式咖啡机根据锅炉使用可分为：单锅炉、热交换、双锅炉与多锅炉。郭雍生最后代理与使用的品牌属于有绿能标章的多锅炉系统——Astoria Plus 4 You，各机头锅炉都有独立的PID温控，能针对咖啡豆特性设定萃取温度。

2 咖啡豆

郭雍生的传统配方——雅图意式经典综合豆。百分百阿拉比卡，由6～8种豆子组成，深度烘焙偏浅。老客人们都说，十多年来味道一点都没变，带有微微水果酸甜味是其最大特色，加了蒸煮过的鲜奶后，又有自然浓厚的黑巧克力味。豆子是意式浓缩咖啡的灵魂，对一杯意式咖啡来说，如果豆子不好，其他的延伸也很难令人期待。Caffe' Alto店面虽已关闭，但其经典味道的豆子还是持续在推出，卖给店家或个人使用。

3 研磨

研磨是萃取前的重要一环，磨豆机的选择有刀盘、瓦数、转速等评估项目，郭雍生选择功率足且转速低的 Anfim，尽量降低转速摩擦热能对咖啡风味的减损。此外，这款 Anfim Super Caimano 用的是钛金属大刀盘设计，耐用度佳。比较特别的是，郭雍生给厂商设计上的反馈获得采用，出粉时可用把手触碰直接启动、停止研磨与落粉，如此便不会被设定的粉量局限，使用上更方便。2016 年，Anfim 在世界各地咖啡展所展示的新机种配备，即有此款把手触控启动落粉的设计。

4 萃取

最能展现咖啡师价值的步骤，如果萃取流速太快，咖啡液会偏向透明的淡咖啡色，咖啡油脂也会消失得较快；流速慢，则口感比较厚实，甚至会呈现很多意式咖啡迷喜欢的虎斑状。郭雍生不谈秒数，而是论流速与流状，萃取流状要像老鼠尾巴，颜色带有咖啡的浓厚，快慢之间，一喝就知道。

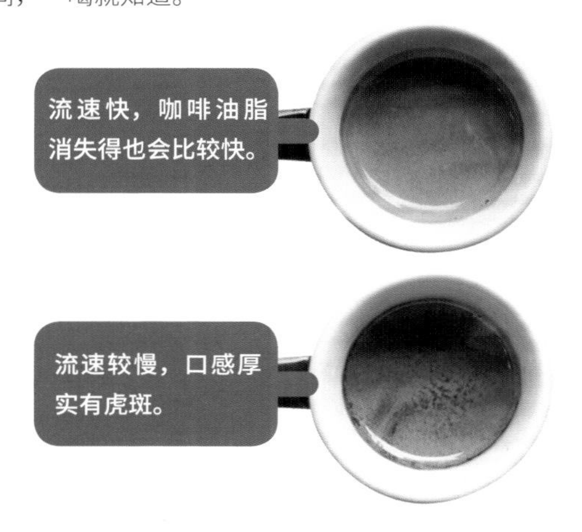

要喝一杯好意式，从好的意式浓缩咖啡萃取开始

卡布奇诺、拿铁、玛奇朵、康宝蓝……一切都要从一杯好的意式浓缩咖啡开始。郭雍生把他对意式咖啡的知识与手法传承下来，Caffe' Alto、雅图国际的老员工们，都学到了他的好功夫。

Step1 按压要紧实，二次按压

郭雍生采用二次按压，第一次边按边转，第二次直接下压略转。以圆弧形的 tamper 按压力道更平均（而不会只集中在中心点），手臂趋向近 90 度也可帮助紧实。

Step2 萃取时，水由周围往中心浸润

意式咖啡机的萃取，水会由周围往中心浸润，填压得越紧实，水浸润的速度越慢，越能萃取出浓缩风味与厚实口感。按压完后，应平整不歪斜（否则水会往歪斜的地方流，萃取不均匀）。萃取完后，也可把粉饼敲出来剥开，观察水是否平均分布。

Step3 萃取流状要像老鼠尾巴

萃取速度是咖啡师功力的完整展现，关乎咖啡粉粗细的拿捏、按压力道的掌握、对风味的诠释。坊间多以秒数作为参考值，郭雍生则说：“流状要像老鼠尾巴一样。”

Caffe' Alto Re-open

打开 Caffe' Alto 的门！让我们重新开业 3 小时

为了更专注于咖啡机的代理与生豆烘焙，2010 年，最后一家 Caffe' Alto 门店关闭。现在几乎只有客户来谈事情时，才有机会喝到郭雍生的专属配方与校正过的完整风味。从前严谨的员工训练，让风味技术被完整保留。今天，Caffe' Alto 特别开门，为我们重新开业 3 小时。

老客人怎么看

小叶：“因买咖啡机而认识，喝了十几年他们家的咖啡，现在我自己店里用的还是郭雍生调配的意式经典综合豆。 他的咖啡有很丰富的层次，有一层层堆彻的感觉，余味会留很久。现在这种风味，外面真的难以喝到了。”

用透明杯子才可以看出咖啡师的真功夫

拿铁、玛奇朵、卡布奇诺、康宝蓝……不同的咖啡牛奶比，可以创造出不同的产品与风味。在 Caffe' Alto，拿铁与康宝蓝得装在玻璃杯里上桌，郭雍生认为，想知道咖啡师是否能精准拿捏比例，透过玻璃杯里的颜色、层次等，立刻见真章。

1 拿铁（290ml） Coffee Latte

借着透明玻璃，一眼便可清楚看出奶泡的层次与比例。

2 玛奇朵（120ml） Mamlhiato

和坊间玛奇朵在意式浓缩咖啡上加一小匙奶泡的做法不同，这里以双份 ristretto 浓缩咖啡加上热鲜奶和奶泡（与咖啡比例为 1 ： 2）制成。

3 卡布奇诺（235ml） Cappumlino

不用太繁复的拉花，苹果心或爱心就好，重要的是浓缩咖啡与牛奶及奶泡的表现与融合度。

4 康宝蓝（120ml） Con Panna

在意式浓缩咖啡上，加上冰冷发泡的鲜奶油，咖啡和鲜奶油比例为 1 ： 2，有点像吃甜点的感觉。

程昱嘉

Alfee Cheng

拉花职人

“2011 年第一次参加拉花比赛，最后 1 个月，我的牛奶练习量是将近 300 瓶的家庭装牛奶，花了 1 万块，就是一直练习一直练习，这是我被大家认识的开始。”

冯忠恬 / 文　陈家伟 / 摄影

BE KNOWN FOR……

2007 年开始接触咖啡，参与 WBC 中国台湾选拔赛后，发现咖啡世界如此宽广，越玩越深入。以拉花打响名号，当大部分咖啡师都在中国台湾北部时，他在南部撑起一片天。如今不仅有咖啡馆、烘豆室，也兼表演、教学与教练，持续地推广好咖啡。

咖啡资历
Seniority

11 年

经历

- 2010 年，参加中国台湾咖啡师大赛
- 2011 年，获第一届台北咖啡拉花大赛亚军
- 2012 年，艾咖啡开业
- 2012 年，获第二届台北拉花大赛冠军
- 2013 年，获世界杯拉花大赛中国台湾地区选拔赛季军

从拉花出发，做一杯好看又好喝的咖啡

知道咖啡拉花的英文是什么吗？Latte Art（拿铁艺术）。它不只是一杯咖啡，同时也是一种艺术的呈现。

1. 店前面的小摊，是艾咖啡最初始的模样，以前程昱嘉就是在这边磨练功夫，做出漂亮的拉花。现在还有不少客人会指定想坐那儿。

用比赛累积实力，走出舒适圈

相较于其他咖啡人动辄一二十年的资历，外号小艾的程昱嘉说自己资历尚浅。相较于中国台湾大部分咖啡人几乎都是先在别人的咖啡馆工作（或自己开小店），累积好几年，逐步建立起自我品味后独据一方，小艾走的却是另外一条路径——从拉花开始。

原本在母亲开的餐饮店帮忙煮咖啡，2010 年参加 WBC 中国台湾选拔赛，第一次参赛的程昱嘉看到中国台湾好手齐聚，眼界大开，虽然没有获得名次，却让他认识了如林东源、陈志煌等咖啡职人，也让他决心脱离舒适圈，用比赛来累积实力。

比赛是一个需要在短时间内压缩学习，在强大精神与时间的压力下，逼自己快速进步的一种方式。2011 年，程昱嘉参加了第一届台北咖啡拉花大赛。为什么是拉花呢？ 程昱嘉说得很坦诚：“拉花只要练习就可以进步，它相对来说还没有深入追求咖啡的本质。”

为了练习，他每天不知道买了多少瓶牛奶，爱心、叶子、蝴蝶、鸟类、花儿轮番在脑海里排

2. 不只拉花，现在店内的单品也很精彩。

3. 店里墙上，挂着爱狗 NaNa 的画。

4. 以前程昱嘉自己站吧，现在则是交给 2016 年的中国台湾拉花冠军郑智元。

列组合，希望可以做出让人眼睛一亮的图形。于是他就这样过关斩将，从 2011 年拉花比赛亚军，再到 2012 年的拉花冠军。同年年初，他在台南开设艾咖啡，以自己做的特色小吧台、每杯外带咖啡都有一款漂亮的拉花为特色，在中国台湾南部打响知名度。

做一杯耐喝的咖啡

一般的外带咖啡，都会盖好杯盖后再拿给客人，程昱嘉会亲手把咖啡端给客人后，盖子放一旁，先让客人看到拉花，再自己决定什么时候盖上盖子。“虽然是外带，但每一杯还是会有一款漂亮的拉花。我觉得这样可以拉近我跟客人的距离，让客人在最短的时间内认识我。”程昱嘉慧黠地说。

中国台湾第一位出版咖啡拉花图书的林东源曾说过，咖啡拉花因赛制关系，往往会使选手着重在图案上，而忽略味道口感，不过咖啡毕竟是要喝的。身为拉花好手前辈的林东源提醒：“不只是一杯好看的咖啡，还要是一杯好喝的咖啡。”

人生有时候就是这样，一开始，你会因为很想拥有一样东西，拼命追求，后来才发现，沿途还有很多风景可拾起。

2011 年，艾咖啡从一个原本在美甲店门口的外带吧，成为一家有个人特色的小咖啡馆。程昱嘉也从原本追求拉花艺术的男孩，摇身成为更懂得咖啡本质的专业工作者。

“现在店里有两种配方，一个是老板配方，一个是 Lucky7。Lucky7 带有榛果、巧克力、奶油味，后段的风味非常圆润，很符合南部消费者印象中的咖啡，喝起来比较亲切；老板配方则是我自己喜欢的，它是浅烘焙，柠檬柑橘是主调，喝到后段也会有榛果、牛奶巧克力味。”程昱嘉现在也自己烘焙，寻找牛奶与咖啡结合的最好方式与比例，并思考单品里想要传递给消费者的风味。

目前的程昱嘉兼教学与表演于一身，还担纲起拉花教练，2016 年代表中国台湾参加世界杯拉花大赛的选手郑智元，便是在他的密集训练下获得好成绩的。

如今，拉花好手越来越多，越来越年轻，市场上也出现了如 Milkglider 等以集结多个拉花冠军为名的店。中国台湾咖啡文化丰富多元，但不管走得多远、多时尚，最后还是要回归本质。程昱嘉说：“我想要做出一杯亲切又耐喝的咖啡，从第一口到最后一口都会觉得好喝。”

咖啡是生活，年岁里有青春，即使从咖啡拉花开始，还是要回到消费者饮用时，这一杯是不是能让人动心的初衷。

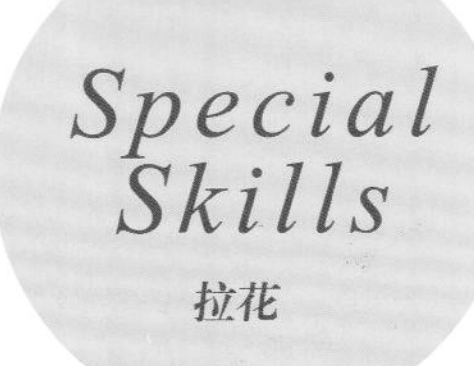

程昱嘉的

拉花哲学

程昱嘉说自己受林东源的影响很深，看了《Latte Art 咖啡拉花》才知道，原来意式咖啡有那么多的细节。想做出好喝又好看的咖啡拉花，是一种“平衡”的艺术。很多人会依照想要的图案去决定发泡程度，但发泡的重点其实在口感，如何在口感与图案间找到足以说服自己、且好看又好喝的那个点，便是一位拉花师不断追求的东西。

内行看门道

一杯好拉花

除了是否漂亮，还要如何看出一杯拉花的好功夫？程昱嘉分享了几个业内的内行看法。

Point 1

黑白分明，线条不会挤在一起。

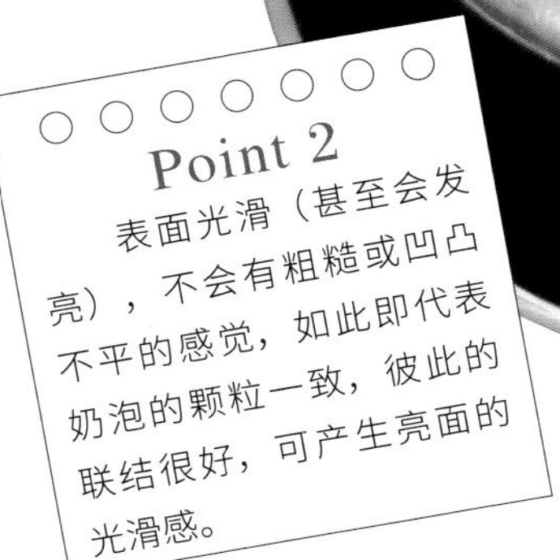

Point 2

表面光滑（甚至会发亮），不会有粗糙或凹凸不平的感觉，如此即代表奶泡的颗粒一致，彼此的联结很好，可产生亮面的光滑感。

Point 3

观察放多久会开始产生泡泡。打得好的奶泡，表面会有蛋白质和乳脂包覆，不会很快接触空气，奶泡便不容易破掉。有些特别在意时间的拉花师，甚至可以做到放在室温近半小时都不会有小泡泡产生。

关于牛奶的打发

牛奶打发的好坏，会直接影响咖啡口感，通常一开蒸汽管，10～15 秒，就要立刻了解牛奶的状态并将其做到位。程昱嘉是边打发边打绵，以清水来看较清楚：让蒸汽管在钢杯里以漩涡方式转动，在打发牛奶的同时，也把空气打入，让其绵密。

用食指与大拇指感受，咖啡粉是否填平压实。

将把手放上意式咖啡机，萃取浓缩咖啡。

以翻带旋的方式，打发、打绵奶泡。

将奶泡倒入小口径、可做比较大倾角的拉花杯。

一手旋转杯子，一手拿着钢杯，开始拉花。

程昱嘉的意式配方豆

Lucky 7

7支豆子的配方，主要是用来拉花的，对比度较高，带有巧克力、奶油、榛果的深焙味，是中国台湾南部人们喜欢的亲切风味。

老板配方（Boss Special）

4支豆子的配方，味道比较有个性，以柠檬柑橘为主调，还有一点热带水果的风味，尾韵带有牛奶巧克力香。

Special Skills

拉花

另一种拉花类型

Latte Art，不只是咖啡，也是一种艺术形式、一种创造。2016 年的世界拉花赛即新增 Art Bar 艺术吧台，给拉花师 10 分钟的时间创作。在艾咖啡工作与练习的郑智元，拿到了中国台湾赛区第一名。程昱嘉说：“这是另一种看待拉花的方式，以前比较着重在技术上，现在更强调美感与创造！除了展现对咖啡与牛奶的理解掌握，还有控制画笔与比例的协调能力。”

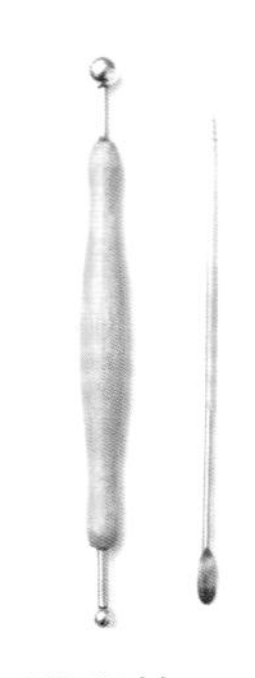

压印笔

在咖啡上作画的秘密武器，上面的大圆头是用来点圆点的，小圆头可用来画线条。

Point 1

以关公跃马为图案，整匹马都是拉出来的，再用压印笔压线条、上色（食用色素）。

Point 2

之前大家顶多做马头，没想过可以把整匹马都拉在一个小杯子里。以咖啡为画布，牛奶为画笔，已是一幅完整的画作。

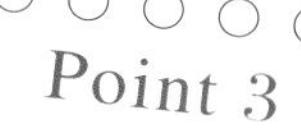

Point 3

因为喜欢武将，所以兴起了画关公的念头。这个图案很少有人做过，也算是给自己一个挑战，把关公在马上的英姿整体体现出来。

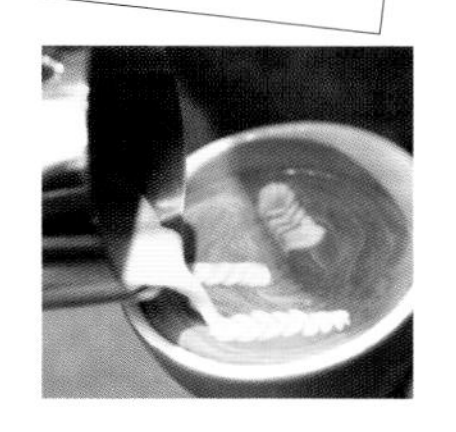

把咖啡粉压平压紧实，让咖啡粉能均匀萃取。

Profile

郑智元

做了 3 年的调酒师，后因身体不适决定转换职业，开始学起咖啡。想要做出漂亮又好喝的咖啡，于是进入艾咖啡工作，同时磨练咖啡专业与拉花技巧。为了参加拉花世界杯中国台湾选拔赛，一天的练习量接近 20 瓶的家庭装牛奶，最后获得冠军。

QUESTIONS & ANSWERS

程昱嘉

给咖啡魂的备忘录

Q 很多人会有个观念，觉得有漂亮拉花的咖啡不好喝，你怎么看待？

A 从前我就是因为听到这样的话，深深被影响，所以就觉得一定要做出一杯好看又好喝的咖啡来。

会这样说的人是以为，大家会因为拉花去修正奶泡的发泡量，让它方便拉花却没有口感，和咖啡搭配的比例也不对。可是真正好的奶泡，不用修正发泡量，只要把绵密度修细一点，喝起来口感还是有的，也可以做出华丽漂亮的图案。

回到源头，你也要了解怎样萃取出一杯好的意式浓缩咖啡。如果看书，最后一定会看到，一杯咖啡要萃取多久、煮多少量。你大概都懂这些，却不知道今天的温度、湿度，还有在咖啡豆的生产日期影响下要怎么调整。所以我也开始研究冲煮咖啡、豆子，搭配上刚刚讲的很好的奶泡，才有办法做出那一杯我觉得顾客喝到会喜欢的咖啡。

Q 觉得拉花最难的是什么？

A 拉花最难的是稳定，你这一杯跟下一杯跟下下杯都要做得一模一样。我们在网络上常看到很多的拉花图，可能都是今天做了 10 杯、20 杯，拿出最漂亮的那杯放上网。你以为你去那家店可以拿到一模一样的，最后发现并没有。

所以 Milkglider 去年的冠军谢维，他最自豪的就是他只准备两个图案去比赛，但这两个图案他可以练到不管在哪个地方做都一样。若以我自己来讲，我 2012 年准备比赛时，准备了很多图案，我是看我的对手是谁，来决定要用哪个图案应战，是不一样的想法。

Q 通常拉花是有一个模板在那边，还是自己创意比较多？

A 当然它得有一个模板，比方说可以拉叶子、蝴蝶，基本的组合有爱心、叶子、鸟类、蝴蝶和花，这些都是素材，但可以组合出非常多的图案。我去上课时，班上有 13 个人，我也做了 13 杯不同的图案给他们，这应该是考验一位咖啡师的素材够不够多。如果素材多的话，就可以有很多种变化。

Q 觉得什么样的人适合做咖啡？

A 如果有看博客的习惯，就会看到很多博客会说：“我觉得这家咖啡馆没有温度，我觉得那家咖啡馆很温暖。”我常讲，要提供一杯有温度的咖啡其实很难，那感觉不是我拿一杯咖啡给你，你就觉得它有温度。其实是环境，从你进门到喝完结账，这一整个消费过程，咖啡师有没有给予你想要的关心?

我们卖每一杯咖啡，都希望你因为这一次的购买体验，喜欢上我。我做完咖啡可能跟你聊味道，跟你说怎么喝会比较好，你因为我的引导而喜欢上这杯咖啡，这就是一位咖啡师的能力。引导是咖啡师工作非常重要的一个环节。为了引导客人，你必须去了解烘焙、冲煮，最后才可以真正把这些东西加在你的话语里，送给客人，这样才会有力量。

Secret Weapon 程昱嘉的咖啡秘密武器

1

每个拉花师都会梦想有自己的钢杯，这是依照程昱嘉的习惯与建议调整制作的，也是艾咖啡 5 年来第一次拥有自己的产品。

2

从前学拉花几乎靠自学，除了网络外，就是这几本案头书了。

3

艾咖啡从木头小屋摊车开始，这是程昱嘉精神上的时光屋，很多的练功时光都在这里，很多老客人也都是在此养成。

Q 面对很多咖啡前辈，有哪些人对你影响比较深吗？

A 因为一开始学拉花，我受东源哥的影响很深，而且他人很好，很愿意分享。我印象最深的是他跟我说，他在某一年开始，站在南非好望角，发现咖啡可以带他去旅行。他是个不断进步的人，从那个时候开始，我就觉得我想要和他一样。

另外，我的第一台烘豆机是请陈志煌帮我买的。这些前辈都给我很多帮助。

Q 除了自己的店，最喜欢哪家咖啡馆？

A 嘉义的 33+V. 很棒，咖啡师的感染力与渲染力都很好。台南永康的 ST1 也很不错，整个空间很舒服，很像去国外的感觉。

拉花是一种“平衡”的艺术，

把奶泡打好，做出一杯好看又好喝的咖啡！

——程昱嘉

葡萄乾作法 150 250
黑蜜處理 130 200
CCS (W) 150 250
大金鋼 (W) 150 250
江霸 (日)
ARICHA (日) 130 200
G1 (W) 130 200
G2 (W)
1+1 (Espresso + Cappuccino)
法式檸檬塔 120
森半焙茶乳酪蛋糕
法芙娜 香蕉 布朗尼
檸香優格乳酪蛋糕 120
TEA 有機舒福茶
日月潭<台茶18號>紅茶 150
南投玉山炭焙烏龍 120
icaffe2012115
THE NORTH FACE

12

杨博智

Rufous Yang

酝酿一家灵魂咖啡馆

“筹备 RUFOUS 前，去了大概 500 家咖啡馆。一进门我就会观察这家店的风格与装潢细节，看他们服务客人的态度，就能了解生意好不好。通常质量好的咖啡馆，老板都会待在现场，这也影响了我，让我养成了一定要在店里的习惯。”

许贝羚 / 文　王正毅 / 摄影

BE KNOWN FOR……

一座城市，必然有几家隐隐发光的咖啡馆，安静不张扬，等待每个咖啡时刻的推门而入。RUFOUS 一直以来就是这样的咖啡馆，从一人小店到现在，小杨始终坚持自己的步调，认真把关咖啡制作的每一个过程，确保稳定。10 年间，改变的是持续调整更好的烘豆与冲煮风味，而不变的，是一家咖啡馆的必然模样。无论何时，都要提供一杯好咖啡，以及无与伦比的安心。

咖啡资历
Seniority

19 年

经历

- 1999 年，因为一杯综合黑咖啡，从此迷上咖啡的世界
- 2004 年，买了第一台烘豆机，从此开始没有终点的烘焙实验
- 2007 年，RUFOUS 诞生

用专注力，
酝酿一家灵魂咖啡馆

11 年前，台大后门的复兴南路，一段有些冷清的街上，出现了一家昏黄情调的小咖啡馆。门外一排座椅，总是坐着几个客人，或是候位，或者透气抽根烟，或是沉思发一会儿呆，之后转身便又走进店里。从一开始，RUFOUS 便散发着一种迷蒙的个性，但只要坐下来喝过第一杯，就会懂得什么是灵魂咖啡馆。

1. 迈入第 10 年的 RUFOUS，搬到隔壁后，有种原地复制的味道，多了点小酒馆气氛，仍是熟客安心所在。

RUFOUS，是亮褐色的意思，正是一杯浓缩咖啡的完美色调。小杨从一杯黑咖啡开始爱上咖啡：一天中午，餐厅吧台端给他一杯综合黑咖啡，说咖啡里有巧克力味、坚果味、甜感、果香等，来自不同产地的豆子还有各自的风味。“那时候觉得咖啡里怎么可能会有这么多味道，吧台师傅一定是在唬我……”之后，就像着了迷一样，小杨每天都去吧台喝，开始尝试不同的味道与煮法。这一试，燃起了熊熊的咖啡魂，让他找到了很想征服的事情。

在终于存够钱买了第一台烘豆机后，有 3 年时间，小杨一边工作一边在家不断地烘豆子，感觉不对就改变方式，实验各种变因的交互组合。“因为自己喜欢浓缩咖啡，希望能单喝又能加牛奶……”依着心里认定的风味，慢慢摸索出理想的综合豆配方，并找到能萃取最好风味的冲煮方式。

“那时觉得在家练习已经蛮长时间，也想把自己的东西拿出来给大家试试看。一开始其实没有太大的把握，就把店当作工作室经营，有一点点收入就能继续研究的感觉。”就这样，有了 RUFOUS 的诞生。

筹备开店时，借由工作机会，小杨去了大概 500 家咖啡馆。“我一进门就会观察店的风格与装潢细节，看他们服务客人的态度，就能了解生意好不好。如果我是厂商他们还对我很好，那这家店百

2. 各种道具收藏交织出醇厚的咖啡缩景，眼前所见、所闻、所感，无一不是咖啡。

分之八十以上是成功的。”最重要的是，他发现通常这样的咖啡馆，老板都会待在现场，这种认真守护一家店的态度，从那时候开始，便深刻塑造出 RUFOUS 的灵魂风格！

RUFOUS 一直有一面大镜子，默默扮演着凝聚气氛的重要角色，让小杨即使在吧台里也能随时掌握所有细节。“通常煮完咖啡端到客人手上，至少会观察到他喝完第一口，看表情，就能知道那杯咖啡的状况好不好。”从一人小店开始，选豆、烘焙、冲煮这一连串的过程都在店里进行，因此小杨能完全掌控当中的每个微妙差异，对每一批豆子的状况、或者今天冲煮的拿捏，都能做出细致的调整。维持一定的严肃与紧张感对小杨来说，是保持咖啡馆水准的必要。直到现在，他仍会不时为店里的每款产品重新打分，确认通过不同的冲煮方式，都能完美诠释每种咖啡独有的风味与平衡的口感。

3. 在取得 SCAA/CQI Q Grader 咖啡质量鉴定师认证后，能更有系统地将烘焙及冲煮经验传授给员工。

“我想呈现对一件事的专注，并投注了大部分的时间，用这种态度感染影响周围的人。”RUFOUS 一直以来散发出的安定感，就来自于咖啡人追求极致的态度。即使只做一件事，也要做到最好，希望让大家每隔一段时间，就能感受到 RUFOUS 又做了什么尝试与进步。

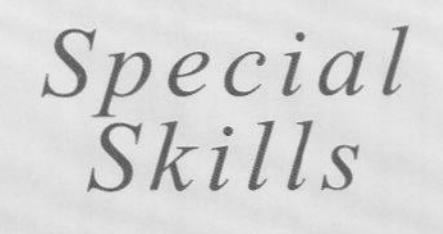

RUFOUS 的综合豆烘焙

只保留想要的豆子风味

烘焙机与计算机直接联机，会记录每次烘焙的火力、时间和温度等数据，作为每一次烘焙状况的微调参考。

最初开始烘豆，小杨尝试了各种烘焙可能。“制作综合豆时，希望前段的酸味带有柔和的果香，我可能会先照最原本的方法烘焙一次，如果味道太刺激就开始调整。比如在一爆的时候延长焦糖化时间，让豆子的发展期久一点，或是入豆温度低一点，这可能是第一种去掉酸味的方法。我自己会有好几种方法，就一种一种试。”

为了能更精准地判断风味，开店后的第 2 年，小杨决定戒烟，又吃素 1 年后，整个味觉大开。“因为后来反省，当我喝到及闻到的风味接近标准时，顾客可能已经觉得太重了，越来越多细致的味道与香气我喝不到。”咖啡豆在短短的烘焙过程中，每 1 分钟的转变都很快，只有保持对味道的敏感度，才能不断地进步。

RUFOUS 的浓缩咖啡，讲究香气与层次，带有柔和的果香与独特的发酵味，从第一口到最后一口，余韵仍然甘甜而持续。如何烘出每个阶段想要的香气，让整体有一定的基调风味及平衡感，尾韵还要回甘，小杨不仅从配豆手法上构想，也预设了在萃取时产生的各种可能。

“意式咖啡机就是冲煮时间很短，可是粉研磨得很细，如何在这么短的时间煮出想要的层次与风味，顺口好入喉？烘豆时会一直往这个方向去思考。”浓缩咖啡的配豆与烘焙，是借由不同的豆子来增加其复杂度及口感，在开始烘焙前，小杨会先清楚设定每种豆子当发展稳定后，各种风味的高峰期（包括香气、层次、油脂、新鲜度），以此找到合适的入豆点。无论配了几种豆子，也要考虑生豆的密度及含水率（量）的不同，通过烘焙让彼此的质地更接近，最后才能成为完整的配方。

每一杯浓缩咖啡的强度、酸味、余韵、苦味，在冲煮后都会被放大检视，对小杨来说，唯有将所有会改变味道的冲煮条件固定下来，让咖啡风味回到烘焙上做调整，烘出每种豆子容易表现的味道区块，这样的烘焙才会更有意义。

RUFOUS Blend 的层次构想

前段风味

一入口想要有柔和的果酸香气和一些水果基调。因此将哥伦比亚、危地马拉豆设定为前段的用豆，做出酸味和比较多的水果风味。

中段风味

中段希望感受到坚果及核果风味。哥斯达黎加豆富有橘子以及像柚子、梨一样比较轻的白色水果气息，以此来联结前段的果香与中段的核果感。再以萨尔瓦多豆带出丰富的坚果味，以及蜂蜜般的甜感。

后段风味

尾端的余韵设定为埃塞俄比亚豆，会有蜂蜜的甜感与巧克力味，因为是日晒处理法，带有热带水果风味，很适合将它安插在后段，作为喝完结束后留在鼻腔里的味道。

为了引出这样的韵味，豆子不能烘焙得太浅，若烘得太浅，煮出的咖啡可能会变成前段的酸味，有违我们预设它是要停留在最后、余韵的角色。但也不能太深焙，不然苦味会出来，一爆开始之后，每秒的变化都会很剧烈，必须随时注意窗口以决定豆子的落点。

Insight

吧台里的冲煮秘密

用分水滤网更细致地调整风味

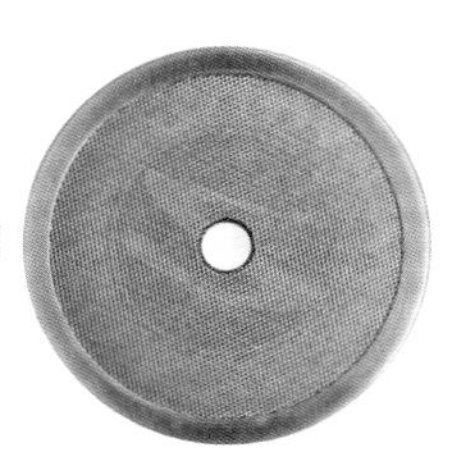

从咖啡豆的烘焙开始，到冲煮前端的过程，如果各种变因都掌握得很稳定，小杨还会利用分水滤网来细调浓缩咖啡的风味。有各种密度及不同孔径的分水滤网，可调整出水的位置与流量的大小，根据想要呈现的风味，或者视豆子的烘焙状况来选用。

流量比较大的滤网

可强调入口酸质的表现。虽然煮出的甜度与油脂的绵密度较低，但用在中烘焙以上的咖啡豆，则能使整体表现均衡，减少苦味的发生。

流量比较小的滤网

用于比较浅焙的咖啡豆，延长了冲煮时间，可煮出绵密细致的油脂，甜度也明显提高。

偏好有厚度、香气奔放的意式浓缩

粉水比 20g ：50ml=2 ：5

萃取时间 22～26 秒

研磨 锥刀研磨，能带出豆子整体的均衡度与甜感

① 根据设定好的克数磨粉。

② 为了避免些微的克数差异，磨粉后会再用秤称量出准确的分量。

Insight

吧台里的冲煮秘密

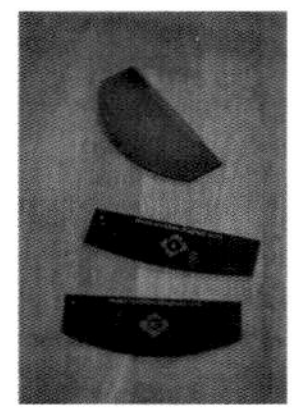

1 常用的有平底和锥形填压器，以调整滤杯里的咖啡粉平整度。

2 刮板有多种弧度，配合滤杯大小及咖啡粉量选用，以整理出更完整的布粉状态。

3

先用锥形填压器，做出粉槽里的弧度，根据想要的深度决定用力大小。

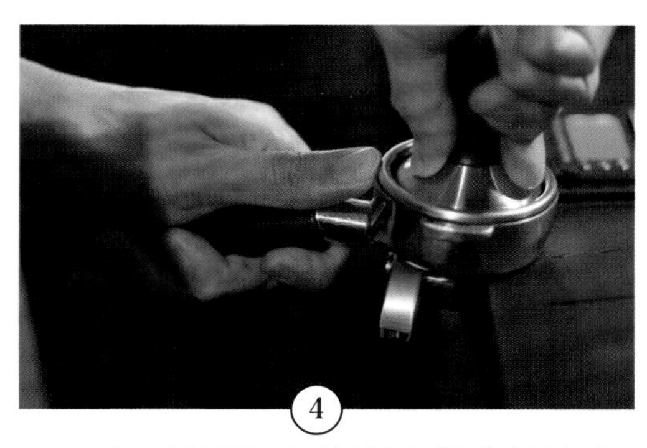

4

再换平底填压器，要特别注意手指施力的方式，出力的地方不是在中间，而是将力气放在两侧，手指转动时才能让粉平整、不会歪掉。

5

如果施力正确，咖啡粉表面应该会与滤杯里的线条平行，萃取时才能煮出完整的风味。

6

观察两边是否同时流出咖啡（3～5 秒会出来）、咖啡液是否垂直，如果没有同时流出或者咖啡液粗细不一，就有可能是粉压歪了。若萃取出来发现两边颜色不一致、一边太浅或太深，也表示填压有问题。

7

一杯好的浓缩咖啡，油脂颜色应该饱满圆润。如果油脂产生破洞，有可能是通道效应或是豆子不新鲜，或者研磨刻度差太多，磨得太粗，以至水没有停留就过去了，就会出现不均匀的黑色咖啡。

咖啡机上有一面特制的长镜，透过镜面反射，能看到咖啡从滤网流出的状态。如果咖啡液是从中间先萃出，表示这杯风味比较完整。若从侧边流出，或是分开流出，就可能是水没有均匀通过咖啡粉，导致这杯咖啡的状况不好，就不会用了。

用前两次注水，萃出层次感完整的单品

手冲能表现出一层一层的咖啡风味，小杨的手冲方式，前两次的注水手法非常重要，水柱够细、圈数要足，才能提出前段上扬的果酸跟香气，也能让之后的萃取风味更完整。

示范豆 日晒耶加雪菲

滤杯 KONO

粉水比 16g ：240ml=1 ：15

水温 90°C

研磨 平刀研磨，容易表现咖啡豆的水果酸味跟明亮度，能强调前段香味。

① 手冲最重要的一点在于保持水柱的稳定度。让水柱与壶嘴呈 90 度垂直，水流要细长连续，感觉像是把水少量、轻轻地放到咖啡粉上，而不是用冲。

② 先用热水将滤纸淋湿、去除纸味，注意是否贴合在滤杯上。

滤杯的风味差异

薄的过滤层，萃取出的前段层次比较好，产区风味较为明显。但过滤层薄也表示水的扩散比较多、萃取率比较高，因此缺点也容易出现。

厚的过滤层，咖啡风味厚实、饱满，整杯风味的一致性高。若滤杯形状比较 V，萃取出的甜度也会更好。

咖啡粉倒入滤杯，保持松动的状态、不拍平，水更容易穿透，咖啡粉也能自由地膨胀、相互作用出更完整的风味。在咖啡粉中间做一个小洞，帮助水先从中间通过。

第一次注水（约 20ml），要让表面的咖啡粉均匀闷蒸，注水后等待 30 ～ 40 秒（看粉的烘焙状况或量来调整秒数）。这时最底下的粉受到的热跟水量都是最少的，所以会有第二次注水。

第二次注水（水量同第一次），要让第一次表面的粉打开，利用水柱的穿透力冲到下面（让全部粉都冲到水），将水带入底层再进行排气，释放出前段浓郁的风味。

接下来将水柱停留于中心点，开始萃取，持续注水至需要的分量，并让水位保持不下降。以萃取时间和预计水量来判断咖啡粉是否有堵塞的情形，并适时地移开滤杯，避免萃取出苦涩味，或浓度过高，造成不平衡的口感。

Point

前两次注水，为了冲出细致且上扬的酸质，必须细心、小圈地注水，之后就让水柱停留在中间。一定要保持粗细一样的水柱，从里面绕到外面各约 6 次。圈数很重要，从绕的圈数多少就能看出水流细不细，水一定要是垂直的，才能绕到 5 ～ 6 圈。如果水是用倒的方式，可能 2 圈就结束了，水根本还没往下冲煮，就从侧面流下去了。

稳定手冲的神器

手冲的变因一向最难掌握，即使是老手，若从早到晚已经冲了 50 杯，手也会累。为了让员工都能冲出一致的风味，可以选择这款来自爱尔兰的 Über Boiler，它刚好完美符合所有条件。它能准确地控温及设定恒温，解决了手冲壶在冲煮过程中，温度还是会稍微下降的问题。出水方式也是手冲需要的垂直，能稳定注水，还有旋转头能手动控制方向，让水放到想要的位置，一天冲 100 杯也不会造成误差。“当变量减少时，我在烘焙上做调整会更有意义，不会因为冲煮不稳定而无法冲出该有的味道。试了 1 年觉得效果挺好，这样会更清楚我在烘焙上做的改变所得到的效果。”Über Boiler 不仅长得很美，而且确有过人之处！

跟酒一样醉人的 RUFOUS 冰滴

很多人独钟爱 RUFOUS 的冰滴，问小杨是怎么构想风味的。他说：“应该就像是一杯没有酒精的酒吧！”原来，醉人会上瘾！烘焙冰滴豆时，因为想得到甜味和其他丰富的味道，烘焙时间不能太短，需要比一般手冲单品再长一点。一爆开始到二爆间，焦糖化的时间也需要多一些，让豆子有足够的时间发展，如果做足了这一点，就能比较轻易地做出想要的风味。萃取时只取风味最饱和、层次感最多的阶段，去掉后面不要的味道。完成后静置 1 晚，让咖啡上下互相融合，整体风味会更均衡。

1

咖啡豆研磨后，要再过筛一次，筛掉较细的粉末（会有杂味、易阻塞）。当咖啡粉粗细一致时，不仅能萃取出更完整的风味，也让煮出的咖啡味道更干净。

2

倒入些许水至咖啡粉中，抓拌均匀，让咖啡粉均匀地吸收水分。

3

吸水后的咖啡粉会有蓬松的感觉。当咖啡粉量比较大的时候，为了让所有的粉在萃取时能完全浸湿、时间一致，这个小动作能帮助预先释放风味，影响萃取的甜度与醇厚度。

4

咖啡倒入容器后，稍微拍一下，让粉均匀分布，不会有太多不平均的空隙在中间，能减少并控制通道效应。

5

以有点倾斜的角度，从旁边压一圈，将重心放在边缘。

6

滤纸中间剪开十字，能帮助水先从中间通过，而不会流到旁边。倒一点水让滤纸贴住，静置半小时后再开始滴。粉吸收水后会稍微膨胀，静置一下让全部粉的密度都一致后再开始萃取，这样风味会更完整。

7

开始滴漏前，调整一下器具的位置，保持水平。

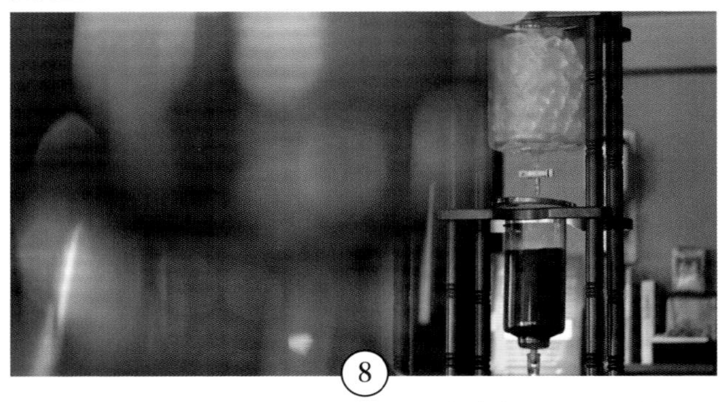

8

一开始以 3 秒 1 滴稍快的速度，让粉稳定地浸湿，做出过滤层厚、浓度高的风味。约 2 小时后开始滴出咖啡，速度就可转慢一些。需随时注意冰槽中冰块融化的情形，因为这会影响水滴速度，产生发酵的口感。

QUESTIONS & ANSWERS

杨博智

给咖啡魂的备忘录

Q 心中理想的咖啡馆样貌是怎样的？

A 开店前去了一趟日本京都，看到很多咖啡馆有着小小吧台、深色木头风格的装潢，那时就默默受到影响。RUFOUS 里一直有许多咖啡的摆饰及用具，以及稍暗的照明，就是想让顾客真正感受到那种休息后再出发的感觉，也希望每个人一进门，就觉得自己到了一个陌生却令人安心的地方。最重要的是让咖啡成为咖啡馆的主角，希望让大家想喝咖啡时便想到 RUFOUS！

Q 有遇到过令你难忘的咖啡馆吗？

A 我印象很深刻的，不是咖啡馆，而是在国外看到的咖啡职人们。在日本时，见识到咖啡职人令人震撼的专注力。以手冲为例，有些职人的冲煮手法用时 5～6 分钟，在这么长的时间里，他们表现出全然的集中与专注；很多人仅有 1～2 分钟的冲煮过程，可能都无法这么专心。然而这样全神贯注地冲煮每杯咖啡，这些职人们日复一日地，竟然做了数十年甚至一辈子！

而在意大利时，我深刻感受到因饮食文化不同，使得人们对咖啡这门专业的尊重也全然不同。我想，意大利人普遍认识到这个社会确实需要咖啡这样的饮品，因此对于从事这个行业的人，也能给予恰如其分的尊重。就我在意大利的所见，咖啡师在意大利是一种拥有崇高地位的职业。即使在加油站的咖啡吧，咖啡师依旧穿着衬衫、打着领结，衣着笔挺地冲煮咖啡。可以感觉到，他们的咖啡师是有相当程度的自重的。

同样是职人精神，我在这两个国家都见到了不同方面的体现，相较于中国台湾，人们看待咖啡师的认知还是比较偏向服务业。就这点而言，中国台湾距离日本或意大利，也许还有数十年的差距吧。

Q 一杯咖啡要经历那么多过程，你最喜欢哪一个阶段？

A 咖啡烘焙的无限可能，是我最喜欢的一部分，我想每个烘焙师都不会停止追求更完美、找出更适合每支豆子的最好风味。店内有支出部分的实验费用，用于尝试各种新的想法及不同的烘焙曲线。每次进行不同以往的实验，总会有些新发现，这是目前很喜欢并持续在做的事。未来有机会希望能去产地，去了解探索更多会影响咖啡风味的因素。也想把烘豆机挪出去，另外建个独立的工作室，希望烘焙永远是重心，能有新的空间，可以更安心、专心地做烘焙。

我想呈现对一件事的专注，
并投注了大部分的时间，
用这种态度感染影响周遭的人。
—— 杨博智

不私藏分享！职人们热爱的 30 家咖啡馆

杨喻婷、冯忠恬 / 文

北部

Fika Fika Cafe

北欧烘焙冠军陈志煌的店，设计简约干净，几乎不管什么时间去都高朋满座。不过内行的都知道，每天早上 8 点到 9 点是最好的时光，享用 Fika 早餐，喝杯好咖啡。店内有结合滤泡与意式浓缩萃取优点的 Filter Shot，走北欧浅焙路线，未来还打算发展出更多可能。“以咖啡搭餐？”让我们拭目以待！

-

营业时间：周一 10:00 ～ 21:00，周二到周日 08:00 ～ 21:00
电话：02-2507-0633
地址：台北市中山区伊通街 33 号

GABEE.

林东源的咖啡厅，除了有“啡你莫薯”“酷咖啡”等精彩的创意咖啡外，还有多达十几种茶与咖啡等饮品。店内单品以聪明滤杯萃取，整个过程完整地在消费者面前呈现，仿佛见证整个杯测过程。且为了推广生活里的咖啡，还开发出“日日 gabee”，严选微批次咖啡豆，每月两次宅配到府。另外，店里也有和蜷尾家合作的 Gelato、和面包大赛冠军阿威师傅合作的早餐，能一次满足各种需求。

-

营业时间：09:00 ～ 22:00
电话：02-2713-8772
地址：台北市松山区民生东路三段 113 巷 21 号

OLuLu Cafe

好咖啡不怕巷子深，位于苗栗农田中央的辽阔咖啡屋，一个礼拜只开三天，是知名烘豆师王诗如的秘密基地。除两层楼的宽敞空间外，大门口更有一片绿地可供孩童玩耍，对亲子家庭客相当友善。除有高质量的单品、意式咖啡外，店内的松饼与酱料都是自家手做。虽地处偏远，但一不小心就会客满排队，下午 2 点前的午茶时段是人潮高峰，避开前往更可享受悠闲气氛。

-

营业时间：周五至周日 11:00 ～ 18:00
电话：037-743831
地址：苗栗县苑里镇上馆里九邻上馆 180-1 号

RUFOUS COFFEE

咖啡界的人气名店，开业近十年，主打自家烘焙，被誉为台北必喝的超强咖啡馆。品项选择多样，单品、花式咖啡皆亮眼，冰滴咖啡更被不少咖啡迷列为极品。店主小杨是灵魂人物，开店前曾走访七八百家咖啡馆，无论风味或店里气氛的拿捏都抓得极好。离开前别忘了带包熟豆回去，那是小杨专属的味道。

-

营业时间：周五至周三 13:00 ～ 22:00
电话：02-2736-6880
地址：台北市大安区复兴南路二段 339 号

Swing Black Coffee 嗜黑咖啡

谈到第四波咖啡革命时，咖啡师与人的互动一直是讨论的焦点，Swing Black Coffee 则是中国台湾回应这波革命的先驱咖啡馆。创办人林致得是 OTFES 手冲机器人发明者，整家咖啡馆都以机器手冲，企图让咖啡师与消费者有更多的互动。店内产品从肯尼亚 AA 到危地马拉花神等单品都有。除了外带，店内也有少许座位，想要品尝机器人手冲风味者可尝试！

-

营业时间：10:00 ～ 18:00
电话：02-8771-9990
地址：台北市八德路 2 段 352 号

Single Origin Espresso & Roast

隐身东区巷弄的隐密咖啡馆。店址位于居酒屋旁侧，大门低调不显眼，稍不留意便会擦身而过。店内主打单一产区咖啡，可品饮到不同产地的风味差异，特别的是，除可选择喜爱的咖啡豆外，更可选择豆子的冲煮方式，制作出专属自己的理想咖啡。餐点上提供简单的甜点与面包，提拉米苏更是佐配首选，因售罄速度快，若无预约需碰运气才能尝到。

-

营业时间：周二至周日 13:00 ～ 22:00
电话：02-8771-6808
地址：台北市大安区敦化南路一段 161 巷 76 号

The Lobby Of Simple Kaffa

2016WBC 冠军吴则霖的咖啡馆，隐身在东区 Hotel V 地下室，从 House Blend 到单品豆 1 ＋ 1，可以品尝到 Berg 咖啡风味从糖浆风格到透明风格的转变。店内还有独一无二的黑啤咖啡，满足追求口味变化的创意。想吃甜点的话，以京都“森半”抹茶粉制成的抹茶蛋糕卷也大获好评。

-

营业时间：12:30 ～ 22:00
电话：02-8771-1127
地址：台北市松山区敦化南路一段 177 巷 48 号 B1

在欉红本铺

台湾当令水果手工果酱品牌——“在欉红”所经营的复合型咖啡馆，除了原本就很精彩的招牌果酱、玫瑰花朵冰淇淋、法式甜点、软糖外，更特意严选台湾精品咖啡，以单品手冲呈现中国台湾咖啡的美好样貌。

-

营业时间：周二至周日 12:30 ～ 20:00
电话：02-2391-2978
地址：台北市大安区金山南路二段 192 巷 8 号

哈亚极品咖啡

店主三上出到世界各地寻豆，和庄园主合作专属批次，除供自己使用外，也作为生豆进口商提供给咖啡同业。使用的咖啡豆质量高且种类多元，目前有天母、台北、三创三家店，除三创店外，其他两家皆只提供单品手冲咖啡。值得一提的是，哈亚有自己的甜点部门，店内所有蛋糕、巧克力和咖啡一样，都有完整的生产履历，以最高标准完成日本职人三上出的使命。

-

营业时间：12:00 ～ 20:00
电话：02-2715-1646
地址：台北市松山区敦化北路 307 号（台北店）

莉园商行

咖啡质量极佳的文艺范咖啡馆，店主余知奇尝试将咖啡风味视觉化，以杯测到的风味对应出相关的食物原色，发展出视觉风味轮。不知道选哪一支单品吗？就看看今天想要的颜色吧！另外店内还有西蒙波娃等意式配方豆，并提供多款茶饮与轻食。

-
营业时间：周一至周日 12:00 ～ 23:00
电话：02-8369-3577
地址：台北市大安区罗斯福路三段 269 巷 9 号

边境十三

台中十三咖啡在新竹的好朋友，由铁皮屋改建的咖啡工作室，藏身于小巷秘境，踏入便有远离尘嚣之感。整体装潢以水泥墙、磨石子地板等自然素材为基底，空间内更隐藏着独立书房与和室内榻榻米，提供许多老板特调与私藏的珍贵咖啡，承袭着十三咖啡陶锅手烘精神，据说风味比较潇洒浪漫。

-
营业时间：周一至周日 13:30 ～ 22:30
电话：0981-351-686
地址：新竹市南大路 525 号

中部

The Factory- Mojocoffee

知名咖啡人 Scott 在台中以玻璃、木头打造的设计咖啡空间。店内供应自烘咖啡、冷热饮、比利时松饼等简单饮食。两层楼的独栋设计，一楼为开放空间，二楼为店家烘豆之地，不时飘出迷人咖啡香气；大面积玻璃外窗，让咖啡屋内的采光极佳，入内品尝咖啡，也像是沐浴在台中的温暖晨光中。因当地阳光充足，大门口常晒着新鲜咖啡豆，偶遇不妨细心欣赏，享受独特体验！

-
营业时间：周一至周日 9:00 ～ 18:00
电话：04-2328-9448
地址：台中市西区精诚六街 22 号

Terra Bella Fine Roasted Coffee

业内曾经盛传，台中精诚街有家专业的咖啡馆——“蜜舫咖啡”萃取出来的咖啡质好、风味佳，此为专业烘焙师郑超人开的店。蜜舫咖啡后来改名为 Terra Bella，持续精进质量，架上常有数十种精品咖啡可选，是台中老饕级人物经常出没的咖啡馆。

-
营业时间：周一至周六 12:00 ～ 21:00（周日公休）
电话：04-2310-7009
地址：台中市西区精诚 20 街 2 号

十三咖啡

没有招牌、咖啡单，走进来便可以喝到以陶锅手烘的精彩单品。每个礼拜有 12 ～ 15 支咖啡豆，店主十三哥和小陶会一杯杯把咖啡端上。以虹吸萃取，因为虹吸可以把优点和缺点都极大化，就像手工烘焙一样，赤裸真实，是不少咖啡迷朝圣的地方，来这里经常可以喝到市场上没有的独特风味。

-
营业时间：13:00 ～ 23:00
电话：0917-646-373
地址：台中市南屯区环中路 5 段 200 号

咖啡叶

人称叶教授的老板在咖啡狂热者中名声响亮，无框架的研究精神让咖啡充满创意想象。主打微淡、微酸的清爽口味咖啡，店内除酸咖啡独树一格外，甜点更是一大亮点，店家擅以酒类入甜，冲撞出大胆却美味的惊艳甜点，多数客人一吃上瘾，久未尝总心心念念。

-
营业时间：周三至周一 12:30 ～ 22:30
电话：04-2522-2005
地址：台中市丰原区西安街 95-5 号

南部

33 ＋ V.

慢生活的咖啡豆专卖店，由一群喜爱咖啡与慢生活的咖啡爱好者创立。店外常停放老板珍藏的韦士柏复古车，若是老机车迷，亲临现场必定兴奋不已，视觉甚是享受。店内提供多款进口自烘咖啡，咖啡师技术纯熟老练，可依顾客喜好推荐所选咖啡，有机会不妨一试。若是开车前往，路边就有停车场，停车颇为便利。

-
营业时间：周四至周一 14:00 ～ 21:30
电话：05-2774567
地址：嘉义市东区东义路 160-2 号

café 自然醒

世界烘豆冠军赖昱权的咖啡馆，供应精致咖啡与食材讲究的早午餐，以自然食、精品饮的概念呈现的复合式空间，餐点与咖啡皆为上品。餐单直接画在黑板上，除了单品外，不时也会有风味特佳的中国台湾咖啡。以虹吸萃取，让咖啡慢慢自然醒。店内有个 Dear J 的配方豆，是为客人喜欢的女孩调制的幸福味，酸甜变化多端的滋味，很受好评，是店内热卖商品。

-
营业时间：08:00 ～ 18:00
电话：07-536-6067
地址：高雄市中山二路 463 号

St.1 Cafe' / Work Room

强烈风格的设计咖啡馆。两层楼挑高设计，带有浓浓工业风，空间充满着童趣与粗犷的双重个性，提供咖啡、甜点与轻食，并以原厂三孔 SLAYER 咖啡机制作咖啡，要求完美由细节可见。不定时于店内举办咖啡相关活动，扩展更多咖啡爱好者的知识与实力。

-
营业时间：周三至周日 9:30 ～ 18:30
电话：06-302-9366
地址：台南市永康区大桥一街 328 号

南十三

有味道的台南古宅咖啡，承袭着十三风格，以陶锅炒豆，每日限量供应，选择不多但支支表现令人深刻。仅有几张座椅与简单吧台，上台顾客多将焦点集中于老板之上，专心观看其煮咖啡的英姿。仅提供赛风现煮咖啡，无其他调味拿铁等意式风味，来此可品尝实力深厚的咖啡。不定时于店内外举办人文及音乐活动，与咖啡一同陶冶人心。

-

营业时间：周五至周一 14:00～21:00
电话：0988-169-970
地址：台南市民族路 317 巷 46 号

艾咖啡

拉花职人程昱嘉开的咖啡馆。起初以拉花见长，秉持着即使外带也要给顾客做一杯好拉花的理念，打响知名度。除了意式咖啡外，也有美味单品，致力做出一杯好喝又好看的咖啡，店内有 Lucky 7 和 Boss Special 两种意式配方豆，Lucky 7 走亲切路线，Boss Special 带点老板个性。店内咖啡师郑智元为 2016 年中国台湾拉花比赛冠军。想看美丽拉花，一定不会失望。

-

营业时间：周一至周日 12:00～21:30（不定休）
电话：06-222-1387
地址：台南市中西区西华南街 15 号

艾奇诺珈琲工坊 Caffe Artigiano

店主 Mars 原先开设烘豆工作室，2016 年才正式开咖啡馆。从选豆、烘豆、磨豆、萃取皆由店家一条龙全权掌控，对“直火烘焙”的技术特别在行，是许多行家私下珍藏的秘密咖啡馆。除现煮咖啡外，更提供咖啡豆批发、专业咖啡课程与技术交流等，开放式的吧台设计，欢迎消费者上来自己煮咖啡，是能简单呈现自然风土的艺匠级咖啡馆。

-

营业时间：周二至周五 11:00～19:00
周六至周日 10:00～18:00
电话：07-766-1228
地址：高雄市盐埕区建国四路 41 号

甜在心咖啡馆

隐身在台南火车站附近的巷弄里，仿佛走入朋友家，是个洋溢着家庭温馨味的咖啡馆。提供高质量单品豆、意式咖啡、无咖啡因饮品与创意咖啡。甜点与轻咸食皆有，门外还挂有两个木秋千，很有玩心。对面刚好是近几年不少老饕热爱的延龄堂酸白锅，天冷时，咖啡、火锅都可一网打尽。

-

营业时间：09:00～19:00
电话：06-226-8168
地址：台南市北区北忠街 58 巷 12 号

握咖啡 OH！ cafe

烘豆冠军赖显权开设的外带咖啡馆，以提供平价精品咖啡为主。店面迷你，仅有数个简单座位，不到百元价格，就能品尝国际级的绝美风味。每杯咖啡皆以意大利冠军 ANFIN 磨豆机，顶级咖啡机 SYNESSO 萃煮，并有非洲、亚洲、美洲等各具特色的豆子可选，省钱的同时也无须牺牲味蕾享受。

-

营业时间：周一至周五 12:00～20:00
周六、日 10:00～21:00
电话：07-533-7377
地址：高雄市鼓山区滨海二路 5 号

邹筑园观光休闲农庄

开在阿里山半山腰的休闲农庄，以阿里山冠军咖啡享誉盛名，由台湾精品咖啡农方政伦经营。方政伦擅长实验各种处理法，尤以蜜处理见长，做出来的咖啡是许多杯测师口中的好货，以虹吸和手冲萃取。店址位于海拔 1 200 米以上，空气清新舒畅，与都市品饮有着截然不同的享受体验。

-

营业时间：周一至周日 7:00～18:00
电话：05-256-1118
地址：嘉义县阿里山乡乐野村 2 邻 71 号

圣塔咖啡

从生豆品质、研磨到萃取都很讲究，聊深一点，还有机会听到老板对冲泡水质的要求与想法。常有特殊风味的精品咖啡豆，另也有中国台湾咖啡，自己做的甜点也很美味，常用当地无公害食材，价格实惠，可感受到老板的坚持与用心。

-

营业时间：11:00～21:00
电话：05-228-2025
地址：嘉义市兴中街 10 号

美国

Espresso Vivace

美国咖啡大师 David C. Schomer 开设的人气咖啡馆。观光客至西雅图必定朝圣的经典咖啡馆，店面宽敞辽阔、空间随兴舒服，适合喜爱咖啡、想轻松聊天的客人选择。咖啡是上上之品，豆子新鲜，烘焙与萃煮实力深厚，同时有多样化的早餐，是开启美好一天的极佳选择。

-

营业时间：周一至周日 6:00～23:00
电话：206-388-5164
地址：532 Broadway Ave East, Seattle WA 98102

Stumptown Coffee Roasters

1999 年创立，以烘豆起家，是引领波特兰第三波咖啡革命的重要咖啡馆，提供自烘咖啡，和各地的咖啡农合作。除了波特兰外，在西雅图、纽约都有分店，主打顺口好喝的高水平咖啡，亦提供多款包装精美、品味十足的外带咖啡礼盒与相关咖啡用品，在美国有不可取代的老大哥地位。

-

营业时间：周一至周五 6:00～20:00
周六至周日 7:00～20:00
电话：855-711-3385
地址：The Ace Hotel 20 W 29th StNew York, NY 10001

英国

Colonna and Small's

英国咖啡大师 Maxwell Colonna-Dashwood 开设的冠军咖啡馆。是咖啡迷环游世界必去的朝圣点，主打新鲜烘焙咖啡，提供顾客极重视细节的美味，常有行家分享，光看咖啡师的手势与坚持的细节，就能知道水平有多高。旗下咖啡师具有极专业的咖啡知识，乐于与客人交流聊天，除好喝的咖啡外，咖啡师也是吸引顾客的关键要素。

-

营业时间：周一至周五 8:00 ～ 7:30 ；周六 8:30 ～ 17:30 ；
周日 10:00 ～ 16:00
电话：07766-808-067
地址：6 Chapel Row, Bath, UK

澳大利亚

Patricia Coffee Brewers

墨尔本的咖啡馆质量极高，这家位于转角窗的咖啡馆是中国台湾咖啡大师林东源很喜欢的店，空间不大，气氛极好，带着复古简约感，咖啡选择简单易懂，每日提供不同款的新鲜烘豆，天天上门也不易喝腻。店内无座椅，不同于坐着喝咖啡的悠闲，立饮也别有一番风味。

-

营业时间：周一至周五：7:00 ～ 16:00
电话：+61 3 9642 2237
地址：Little William St 墨尔本 3000

日本

SAZA COFFEE

极致讲究的日本职人咖啡屋，日本的老字号咖啡馆，创立于 1942 年。本店位于茨城县内，近期于东京、埼玉县亦开设了分店。在哥伦比亚拥有自家咖啡园，从生产咖啡豆起，就开始塑造属于自我的咖啡风格。“SAZA COFFEE 珐琅手冲壶”是店内的人气商品，独特长嘴与平实价格，让人在家也能冲出美妙咖啡。

-

营业时间：周一至周日 10:00 ～ 20:00
电话：029-274-1151
地址：茨城県ひたちなか市共栄町 8-18

世界咖啡组织与赛事简介

王琬瑜 / 文

SCAA

Specialty Coffee Association of America

“美国咖啡精品协会”是目前最具规模的专业组织，创立于 1982 年，最初仅由一小群专业人士所组成，目前已有超过 40 个会员国，以及 2 500 个以上的法人组织加入。重视“从种子到杯子”的每个环节，串连起种植者、贸易商、烘豆师、咖啡师、零售商以及消费者，透过标准化的规则标示出精品咖啡的质量，建立共通的咖啡语言，对咖啡产业的交易、推广与流通皆具有时代性的贡献与影响力，其中作为杯测指标的风味轮便是出自于此。作为产业的领导者也肩负起教育的责任，于世界各地设有多处教育训练系统，包含杯测师、咖啡师、烘豆师、咖啡采购等四大领域课程，提供完整而全面性的专业学习途径与认证。

-

官网：www.scaa.org

SCAE

Specialty Coffee Association of Europe

“欧洲咖啡精品协会”于 1998 年在英国伦敦成立，是欧洲地区最主要的咖啡组织，希望将咖啡的经验与知识做有效的分享与传播，透过展览、活动、课程、竞赛等将咖啡人的专业与力量凝聚在一起。同时 SCAE 也提供完整的咖啡文凭系统，包含导论、感官能力、萃取技巧、咖啡师、生豆与烘培六大领域，重视观念知识与实务操作并进的学习。相较于 SCAA，SCAE 的课程虽依循着大纲，但实际内容则会因讲师的不同而有所差异，具有较大的弹性空间。

-

官网：www.scae.com

SCAJ

Specialty Coffee Association of Japan

“日本精品咖啡协会”成立于 2003 年，由原先的日本美味咖啡协会（Gourmet Coffee Association of Japan）改制而成。日本是亚洲较早投入精品咖啡消费市场的国家，不仅在咖啡产业中表现亮眼，更影响了亚洲各国的产业发展。与美国及欧洲两大精品咖啡协会相同，SCAJ 成立宗旨在于推广精品咖啡并落实“从种子到杯子”的理念，同时也举办各项咖啡赛事。在咖啡评鉴的标准上，日本咖啡大师田口护先生说明 SCAJ 的评鉴侧重于杯中液体的“风味特性”，SCAA 则倾向于“咖啡生豆”，SCAE 则主张评鉴咖啡基底的“咖啡液”，这样的差异也影响了咖啡产业在日本的走向。

-

官网：http://www.scaj.org

TCA

Taiwan Coffee Association

“中国台湾咖啡协会”为非营利之社团法人，2003 年正式成立，对中国台湾咖啡文化的推动有着重要影响。协会成立的目的在于加强中国台湾咖啡产业与世界各地合作交流，增进咖啡业者与咖啡爱好者之共同利益。除了负责举办一年一度的 TBC“台湾咖啡大师选拔赛”外，也提供咖啡专业知识与信息、产业规划建议等专业性服务，建立咖啡专业认证制度及教育训练机制，致力与世界咖啡产业接轨，同时开创市场商机，创造属于中国台湾特有的咖啡文化。

-

官网：www.taiwancoffee.org

ICO

International Coffee Organization

“国际咖啡组织”于 1963 年成立于伦敦，由 70 余个咖啡进口国和出口国组成，是与联合国、联合国专门代表处以及其他国际组织紧密合作的官方团体，负责实施《国际咖啡公约》并致力通过国际合作来改善世界咖啡产业的状况。咖啡在经济上有不可替代的重要性，国际间的贸易量仅次于石油，并为全世界超过一亿以上的人口提供就业机会，甚至掌控了许多咖啡生产国的经济命脉，因此 ICO 的存在在于维持产业的稳定，避免供需失衡所造成的经济冲击。成员国中包含了生产区的发展中国家，以及大量进口咖啡生豆的发达国家，各成员国皆须依据一致的准则行事，以确保市场的平稳和信息的透明。透过产官学合作，ICO 也掌握了国际间咖啡产业的贸易趋势、产销规模以及期货价格等，为咖啡从业人员提供清晰而完整的产业脉络。

-

官网：www.ico.org

WBC

World Barista Championship

“世界杯咖啡大师竞赛”，从 2000 年开始由 WCE 举办，至今已举办 19 届，不但被视为一年一度的咖啡盛事，也是目前最具指标性的世界级咖啡师比赛，甚至被比喻为咖啡界的奥运，每年有超过 50 位来自世界各地的冠军选手参与。参赛者必须在 15 分钟内依序准备 4 杯意式浓缩、牛奶饮品、花式创意咖啡，除了萃取技巧外，也包含了音乐的挑选及搭配，透过比赛全方位地展现出咖啡师的专业精神。2016 年，中国台湾选手吴则霖获得 WBC 冠军。

-

官网：www.worldbaristachampionship.org

TBC

Taiwan Barista Championship

“台湾咖啡大师选拔赛”，由 TCA 举办，亦为 WBC 前置赛。参加 WBC 前，世界各国和地区需先于境内举办选拔赛（National Body Competitions），并由冠军代表出赛，比赛项目与规格几乎等同于 WBC。中国台湾于 2004 年举办第一届“台湾咖啡大师选拔赛”，冠军为林东源；2007 年第一次推派选手参与 WBC 世界大赛，林东源再度夺冠，代表中国台湾首次参与 WBC。

-

官网：http://www.taiwancoffee.org/Barista.asp

CQI

Coffee Quality Institute

“咖啡质量学会”起源于美国咖啡精品协会，现已是非营利的独立组织，致力提升精品咖啡的质量并改善产区生产者的生活条件。透过复育小区环境、巩固生活经济、提供群体化的机会，以及强调信息平等透明等操作以推动咖啡产业的永续性。有鉴于此，CQI 将目光集中在生豆品质的控管，分级标准包含了生豆瑕疵分级与烘焙后的感官评测，透过标准一致的质量鉴定师进行杯测，并授与 Q-Grader 的认证标章，让咖啡的交易与采购过程能更精确地交流与沟通。CQI 也同时开设感官能力的训练课程，推行咖啡质量鉴定师训练系统，侧重于感官能力在咖啡品质上的判断。

-

官网：www.coffeeinstitute.org

ACE

Alliance For Coffee Excellence

“卓越咖啡联盟”是一个非营利的全球会员组织，由乔治豪尔（George Howell）创办。乔治豪尔是美国精品咖啡运动先驱，对产区风土与咖啡品种有深入的了解与探访，在美国波士顿开创了全新的浅焙咖啡风潮。ACE 的会员跨越 50 多个国家，并由来自世界各地的专业咖啡领导者和创新者组成董事会，以确保咖啡质量的评鉴，并为农民与生产者提供更多的机会，为咖啡产区的永续经营不遗余力。

-

官网：www.allianceforcoffeeexcellence.org

CoE

Cup of Excellence

“咖啡卓越杯”是一个针对产区与咖啡豆质量所举办的年度性评选，首次活动可追溯至 1999 年的巴西杯活动（Best of Brazil）。CoE 与 ACE 成立的宗旨息息相关，目的在于协助咖啡农将咖啡豆评级定价，鼓励第三世界庄园种植高质量的咖啡豆。主办单位 ACE 会在会员国中挑出数千支咖啡，分阶段测试上百个庄园的咖啡豆，依据咖啡液的干净度、甜度、酸度、口感、风味、余韵、均衡度与总体表现等八项杯测评分，平均分数达 84 分以上，才有资格称为 CoE 咖啡豆。其中在卓越杯中获奖的咖啡豆更会在拍卖会上以高价竞标售出。咖啡市场对卓越杯这类稀少、优质、有特色的咖啡品项趋之若鹜，产生了巨大的消费需求，而透过拍卖所得可以很直接地回馈给咖啡生产者。CoE 确立了国际竞标网络系统，为生产者提供世界级的舞台，鼓励精益求精，追求种植卓越的咖啡。

-

官网：www.allianceforcoffeeexcellence.org

Coffee Review

“咖啡评鉴”之意，这个专业组织由坎尼斯戴维（Kenneth Davids）与伦华特斯（Ron Walters）于 1997 年成立，是具有权威与公正性的咖啡评鉴组织。评鉴的对象为经过烘焙后的咖啡熟豆，透过杯测师盲测，依据香气（Aroma）、酸味（Acidity）、醇厚（Body）、风味（Flavor）、余韵（Aftertaste）五大项目来评鉴咖啡豆等级，并有详细的品饮报告。评鉴以 100 为满分，85 分以上为非常好，90 分以上则是优秀且非常罕见，而能够获得 95 分以上的品项则相当稀有珍贵。Coffee Review 已发表了成千上万的评论，因此也被视为最具影响力的咖啡采购指南。

-

官网：http://www.coffeereview.com/

BOP

Best of Panama

“巴拿马最佳咖啡”是由巴拿马咖啡精品协会所主办的竞标会，集结巴拿马最优质的咖啡以公开竞标的方式拍卖。由于信息公开、质量优良而受到瞩目，每年都有来自全世界的竞标者，造就了巨星等级的咖啡豆。不管在价钱或声望上都可以撼动咖啡市场，直接的利益回馈也刺激咖啡农场与庄园主全力生产出高质量咖啡豆，将巴拿马咖啡产业推升到另一个境界，其中广为人知的瑰夏咖啡（Geisha）便足以证明巴拿马咖啡的崛起。

-

官网：http://scap-panama.com